개정2판

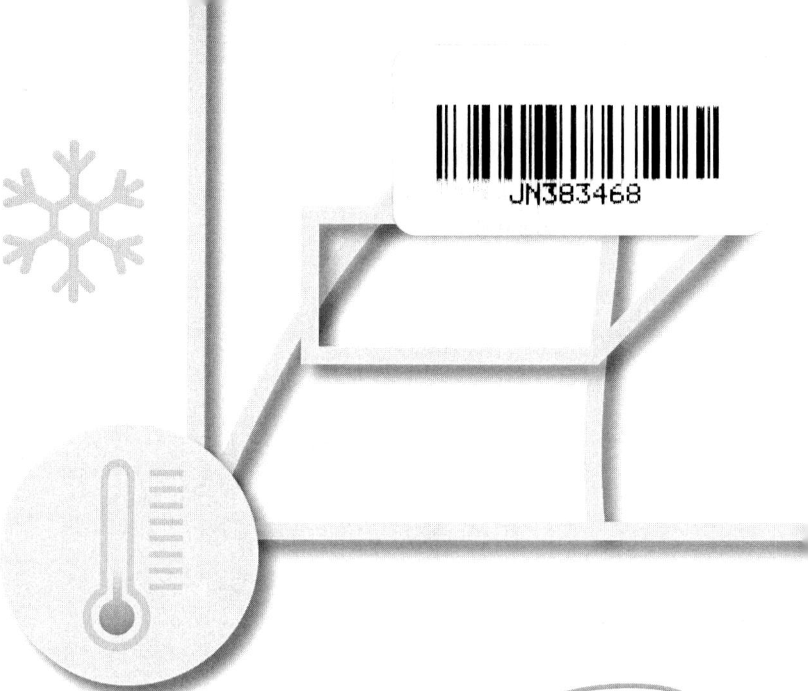

필기

모아

공조냉동기계 산업기사 빵꾸노트

모아합격전략연구소

MOAG

목차

PART 01
공기조화 설비

| Chapter 01 | 공기조화 이론 ·· 4
| Chapter 02 | 공기조화 계획 ·· 22
| Chapter 03 | 공조기기 및 덕트 ···································· 28
| Chapter 04 | 공조프로세스 분석 ·································· 34
| Chapter 05 | 공조설비 운영관리 ·································· 37
| Chapter 06 | 보일러설비 ·· 45

PART 02
냉동냉장 설비

| Chapter 01 | 냉동 이론 ·· 50
| Chapter 02 | 냉동장치의 구조 ···································· 68
| Chapter 03 | 냉동장치의 응용과 안전관리 ··················· 87

PART 03
공조냉동 설치·운영

| Chapter 01 | 배관 및 안전관리 ·································· 92
| Chapter 02 | 전기 ·· 123

공·조·냉·동·기·계·산·업·기·사

Part 01

공기조화 설비

Chapter 01 공기조화 이론

01 공기조화의 기초

1 온도

(1) 온도의 개념

온도는 물체의 열 정도를 나타내는 물리적 척도로 분자의 운동속도(또는 떨림)를 말한다.

(2) 온도의 단위

$$켈빈온도 [K] : 273 + ℃$$
$$화씨온도 [℉] : (^{[빵꾸1]} \quad\quad)$$
$$랭킨온도 [°R] : ℉ + 460$$

(3) 측정 구분에 따른 온도

① 건구온도[DB : Dry Bulb Temperature, t℃] : 온도계로 측정 가능한 온도, 습도와 관계없이 측정되는 온도

② 습구온도[WB : Wet Bulb, t ℃] : 봉상온도계(유리온도계)의 수은 부분에 명주를 물에 적셔 수분이 대기 중에 증발될 때 측정된 온도

③ ($^{[빵꾸2]}$)[DT : Dew Point Temperature] : 대기 중 존재하는 수증기가 응축하여 이슬이 맺히기 시작하는 온도

(4) 유효온도

① 유효온도(체감온도, Effective Temperature) : 유효온도는 온도, 기류, 습도를 조합한 감각 지표로서 실효온도 또는 감각온도라고도 한다.

> **메꿈** ① 1.8 [℃] + 32 ② 노점온도

② 수정유효온도(Corrected Effective Temperature) : CET는 유효온도에 복사열을 조합한 온도
③ ([빵꾸1]   )(ET*) : 유효온도의 상대습도 100 [%] 기준 대신에 50 [%] 선과 건구온도의 교차로 표시한 쾌적지표를 기준으로 한 온도

02 열과 열량

1 열역학의 법칙과 관계식

(1) 제 0법칙 : 물체의 고온과 저온에서 마침내 ([빵꾸2]   )을 이룬다.

(2) 열역학 제 1법칙

$$H = U + PV$$

엔탈피 = 내부에너지 + 유동일(압력과 부피의 곱)

(3) ([빵꾸3]   ) : 자연계는 비가역적인 변화가 일어난다.

$$열효율\ \eta = \frac{AW}{Q_1} = \frac{Q_1 - Q_2}{Q_1} = 1 - \frac{Q_2}{Q_1}$$

(4) 제 3법칙 : 절대온도 0도에 이르게 할 수 없다.

(5) 엔트로피

$$dS = \frac{dQ}{T} \ \text{또는}\ dQ = TdS$$

자연계의 엔트로피는 항상 증가한다.
S : 엔트로피

2 열, 열량과 비열의 개념

(1) 열(Heat)
① 현열(감열) : 온도변화만 일으키는 열(상태변화 없음)

메꿈 ① 신유효온도 ② 열평형 ③ 제 2법칙

② 잠열 : 상태변화만 일으키는 열(온도변화 없음)
　㉠ 얼음의 융해(응고) 잠열 : 79.68 [kcal/kg] ≒ ([빵꾸1]　　)
　㉡ 물의 증발(응축) 잠열 : 539 [kcal/kg] ≒ ([빵꾸2]　　)
　※ 잠열은 온도변화가 없어 단위에 온도가 없다.

(2) 열량(Heat Capacity) : 열의 이동량, 단위로는 [kcal] , [kJ]이 사용

(3) 비열(Specific Heat) : 비열은 단위 용량의 어떤 물질을 1 [℃] 올릴 때 필요한 열량을 말한다.
　※ 단위에 온도가 들어간다.
　① [kcal]는 1 [Kg]의 물 1 [℃] 올릴 때 필요한 열량을 기준으로 한 단위이다([Cal]는 1 [g]의 물).
　② 1 [Kcal] = ([빵꾸3]　　)

(4) 열용량 : 어떤 물질의 지금 현상 그대로 전부를 1 [℃] 올릴 때 필요한 열량

3 열의 전도, 대류, 복사

열의 이동은 두 물체 사이 항상 온도가 높은 곳에서 낮은 곳으로 이동하여 결국 평형을 이룬다. 두 물체 사이 온도차가 클수록 빠르게 이동된다. 이것의 기울기 정도를 온도 구배라고도 하며, 열역학 0법칙이기도 하다.

(1) 전도(Conduction) : 두 물체 사이 접촉으로 열이 이동하는 현상

(2) 대류(Convection) : 대류는 밀폐 공간 내 전달에 의해 밀도차로 인한 순환, 또는 강제적(기계적)순환

(3) 복사(Radiation) : 열전달 매체 없이 전자기파로 직접 대상물에 전달되는 현상

메꿈　① 334 [kJ/kg]　② 2257 [kJ/kg]　③ 4.19 [kJ]

4 열의 이동

(1) ([빵꾸1]) : 어떤 단위 두께의 특정 물질의 면적, 시간당, 온도차당 전열량 정도를 말하며, 이때 비례상수를 ([빵꾸2]) $\lambda [kJ/(mhK)]$라고 한다.

$$q_c = \lambda \frac{A(t_2 - t_1)}{l} = \lambda \frac{A \Delta T}{\Delta x}$$

$\lambda [kJ/(mhK)]$: 열전도계수
$\Delta T [K]$: 온도차
$\Delta x [m]$: 두께

이때 열전도계수 또는 열전도율 q_c에 따라 이동된 열량 q가 열전도량이다.

※ 열전도계수의 단위 : 열전도계수는 [kW/(mK)] 또는 [kJ/(mhK)], [kcal/(mh℃)]를 사용하며, 1 [kcal/(mh℃)] ≒ 4.19 [kJ/(mhK)]이다.

(2) ([빵꾸3]) q_h : 고체와 유체 사이 단위 면적, 시간당, 온도차당 이동 열량 정도를 열전달률이라고 하며, 이때 온도차에 의한 비례상수를 열전달계수 $h [kJ/(m^2hK)]$라 한다.

$$q_h = hA(T_1 - T_2) \quad q_h = \text{열전달률}$$

※ 열전달률은 계산에서 ([빵꾸4])가 단위에 없다.

$$\text{열전달계수} h \left[\frac{kJ}{m^2hK}\right]$$

= $h [W/(m^2K)], [kJ/(m^2hK)], [kcal/(m^2hK)]$

이때 열전달계수 또는 열전달율에 따라 계산된 이동 열량 q가 열전달량이다.

(3) ([빵꾸5])([빵꾸6]) : 벽체 등 복합적인 구조에서 열전달률과 열전도율을 더한 값(= 총 통과 전열량), 이때 계산을 위한 계수 K를 열관류계수(열통과계수)라고 한다.

메꿈 ① 열전도율 ② 열전도계수 ③ 열전달률 ④ 두께 ⑤ 열통과율 ⑥ 열관류율

(4) 열저항 R : 열저항은 열관류계수의 ([빵꾸1]   )다.

$$R(열저항) = \frac{1}{K} = \frac{1}{\alpha_r} + \frac{L_1}{\lambda_1} + \frac{L_1}{\lambda_1} + \frac{L_2}{\lambda_2} + \frac{L_3}{\lambda_3} + \frac{L_4}{\lambda_4} + \frac{1}{\alpha_o}$$

$$= \frac{1}{\alpha_r} + \sum \frac{l}{\lambda} + \frac{1}{\alpha_o}$$

α_r : 내측열 전달계수[kJ/m²hK], [W/m²K]

α_o : 외측열 전달계수[kJ/m²hK], [W/m²K]

λ : 재질 또는 물질의 열전도계수[kJ/mhK]

l : 재질 또는 물질의 두께[m]

5 정압비열과 정적비열

(1) 정압비열(C_P) : 압력을 일정하게 하여 가열하였을 때의 비열

① 공기의 정압비열 = ([빵꾸2]   ) = 0.24 [kcal/(kg℃)]

② 수증기의 정압비열 = ([빵꾸3]   )

※ 정압비열은 온도와 압력에 따라 비교적 심한 차이를 가진다. 보편적으로 공조냉동에서 0 [℃]이하 1.83 [kJ/(kgK)] 이상에서 1.85 [kJ/(kgK)]를 주로 사용한다.

(2) 정적비열(C_V) : 부피를 일정하게 하여 가열하였을 때의 비열

(3) 비열비(K) : 정적비열에 대한 정압 비열의 비를 말한다.

① 정압비열 > 정적비열 : ([빵꾸4]   )이 항상 크고 비열비는 항상 ([빵꾸5]   ) 크다.

$$비열비\, K = \frac{C_P}{C_V} > 1$$

메꿈 ① 역수 ② 1.01 [kJ/(kgK)] ③ 1.85 [kJ/(kgK)] ④ 정압비열 ⑤ 1보다

6 열량 계산 방식

(1) 현열 구간일 때

$$Q = GC\Delta T$$
※ 열평형식

Q : 열량(현열) [kJ/h], [kW]
G : 물체의 질량유량 [kg/h]
C : 비열 [kJ/(kgK)]
ΔT : 온도차 [℃], [K]
※ 온도의 두 단위의 절댓값은 같다.

(2) 잠열 구간일 때(온도의 변화가 없다 = 온도 변수가 없다)

$$Q = G \times r$$

Q : 열량(잠열) [kJ/h], [kW]
G : 물체의 질량유량 [kg/h]
r : 잠열 [kJ/kg]

→ 물의 증발잠열 ([빵꾸1]   )(539 [kcal/kg]), 얼음의 융해잠열 334 [kJ/kg](79.68 [kcal/kg] 보통 80)으로 계산한다.

7 냉동톤

(1) ([빵꾸2]   ) : 0 [℃] 물 1 [ton]을 24시간 동안에 0 [℃] 얼음으로 만드는 능력

$$1RT = \frac{79.68 \times 1000}{24} = 3320 \ [kcal/hr]$$

= ([빵꾸3]   ) = ([빵꾸4]   )

메꿈 ① 2257 [kJ/kg] ② 1냉동톤(RT) ③ 13900.8 [kJ/h] ④ 3.86 [kW]

03 기초단위

1 SI 7개 기본단위

길이	질량	시간	온도	광도	전류	물질량
m	kg	sec	K	cd	A	mol

2 유도단위

속도	가속도	힘	일	일률(동력)	압력
m/sec	m/sec^2	([빵꾸1])	([빵꾸2])	([빵꾸3])	([빵꾸4])

※ 다음 단위는 시험문제에서 매우 자주 사용된다.

$Nm = J$

$N/m^2 = Pa$

$1\ [cal] ≒ 4.19\ [J]$이며 $1\ [kcal] ≒$ ([빵꾸5])

([빵꾸6]) $= W$이므로 $J = W \cdot Sec$ 또는 Wh

$kJ = kW \cdot Sec$ 또는 kWh로 표현

(1) 동력 단위

① $1\ [kW] =$ ([빵꾸7]) $= 860\ [kcal/h]$

② $1\ [HP] = 76\ [kgf \cdot m/s] = 641\ [kcal/h]$

③ $1\ [PS] = 75\ [kgf \cdot m/s] = 632\ [kcal/h]$(미터법 기준 프랑스마력)

3 압력

(1) 압력의 정의 : 단위 면적당 수직으로 작용하는 힘

$$P = \frac{F}{A}$$

F : 힘 [N]

A : 단위 면적 [m^2]

메꿈 ① N ② J ③ W ④ Pa ⑤ 4.19 [kJ] ⑥ J/sec ⑦ 102 [kgf·m/s]

4 압력의 분류

(1) ([빵꾸1]   )

$$1기압(atm) = ([빵꾸2]\quad) = 10.332\,[mH_2O]$$
$$= 10332\,[mmAq](수두\ 또는\ 수주)$$
$$= ([빵꾸3]\quad) = ([빵꾸4]\quad)(수은주)$$
$$= 0.101325\,[MPa] = 101.325\,[kPa] = 1.013\,[bar]$$

(2) 절대압력(Absolute Pressure) : 완벽한 진공을 0점으로 두고 측정한 압력

(3) 게이지압력(Gauge Pressure) : 국소대기압의 기준을 0으로 하여 측정한 기기의 압력

(4) 진공압력 : 게이지압력과는 반대로 대기압을 기준을 0으로 하여 그 이하로 내려온 압력 크기[(-)부압]

※ 절대압력 = ([빵꾸5]   ) 또는 절대압력 = 대기압 – 진공압

5 진공도(Degree of Vacuum)

대기압의 기준을 0으로 하여 완전진공 사이를 측정한 [%] 값, 진공도를 절대압력으로 환산하면 완전진공으로부터 대기압 사이를 100 [%]로 하여 진공도로 뺀 값과 같다.

$$\frac{([빵꾸6]\qquad\qquad)}{대기압} \times 100 = 진공도\,[\%]$$

6 압력 단위의 환산

$$\frac{x\,[mmHg]}{760\,[mmHg]} \times 10.332\,[mAq] = y\,[mAq]$$

※ 기본적 압력 단위에 능숙해지면 $\rho \times g = \gamma$ $P/r = H\,[mAq]$ 등을 사용한다.

> 메꿈
> ① 표준대기압(1 [atm])   ② 10.332 [mAq]   ③ 1.0332 [kgf/cm²]   ④ 760 [mmHg]
> ⑤ 대기압 + 게이지압   ⑥ 대기압 – 절대압력

04 밀도, 비체적, 비중, 비중량

1 밀도([빵꾸1] **) : 단위 체적[m³]당 질량[kg]**

보통 기호로 ρ(로)를 사용한다.

2 비체적(Specific Volume)([빵꾸2] **) : 단위 질량[kg]당 체적[m³]**

보통 기호로 v(백터)를 사용한다. 밀도의 역수

3 비중량(Specific Weight)([빵꾸3] **) : 단위 체적[m³]당 힘([N], [kgf])**

보통 기호로 γ(감마)를 사용한다.
[kgf(킬로그램중)] = 1 [kg] × 9.8 [m/s²]
9.8 [N] = 1 [kgf] = 1 [kg] × 9.8 [m/sec²]

4 비중

(1) (액체)비중 : 4 [℃], 1 [atm] 물과 비교한 비, 무차원(무단위)이다.

(2) (가스)비중 : 공기의 평균분자량과 비교한 어떠한 가스의 분자량의 비, 무차원(무단위)이다.

05 엔탈피

1 엔탈피와 엔트로피

(1) ([빵꾸4]) : 상태함수(경로와 무관한)로 계(System)의 내부에너지와 압력과 부피의 곱을 더한 값이다. 공조냉동에 있어서는 일정한 대기압이므로 실내 부피를 기준으로 내부에너지, 즉 현열과 습도에 따른 잠열의 에너지를 고려한 전열값

메꿈 ① [kg/m³] ② [m³/kg] ③ [N/m³] ④ 엔탈피

①
$$i = u + Pv$$

i : 엔탈피 [kJ/kg]
u : 내부에너지 [kJ/kg]
P : 압력 [kN/m²]
v : 비체적 [m³/kg]

② 단위 : [kJ/kg], [kcal/kg]

(2) 엔트로피 : 상태함수로 계의 내부 유용하지 않은 에너지 흐름. 엔탈피를 ([빵꾸1]   )로 나눈 값

① 단위 : [kJ/(kgK)]

06 유체의 기본법칙

1 연속방정식

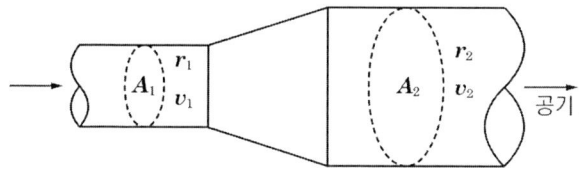

(1) 정의 : 유체 흐름에 질량 보존의 법칙을 적용시킨 방정식

(2) 종류

① 부피유량 : ([빵꾸2]   )[m³/s] =([빵꾸3]   ) [m²] × ([빵꾸4]   )[m/s]

② ([빵꾸5]   ) : $Q[kg/s] = A[m^2] \times U[m/s] \times \rho_2 [kg/m^3]$

③ ([빵꾸6]   ) : $Q_\gamma [N/s] = A [m^2] \times U [m/s] \times \gamma_2 [N/m^3]$

메꿈 ① 절대온도 ② Q ③ A ④ U ⑤ 질량유량 ⑥ 중량유량

2 베르누이 방정식

유체 흐름에 에너지보존법칙을 적용시킨 식으로 관내 유체가 정상류이며 층류일 때를 가정하여 에너지 총합은 항상 일정하다는 법칙

(1) 전압 = ([빵꾸1]   )

(2) 전수두 = 압력수두 + 속도수두 + 위치수두

(3) 표현식 : 전수두 $H[mAq] = ($ [빵꾸2] $)$

(4) 마찰손실을 적용한 경우

$$전수두\ H[mAq] = \frac{P}{\gamma} + \frac{U^2}{2g} + Z - h\ [m]\ (마찰손실수두)$$

3 보일-샤를의 법칙

(1) 보일 법칙 : 일정온도에서 압력과 부피는 서로 반비례

$$P_1 V_1 = P_2 V_2$$

P_1 : 변하기 전 압력, P_2 : 변한 후의 압력
V_1 : 변하기 전 부피, V_2 : 변한 후의 부피

(2) 샤를 법칙 : 일정압력에서 부피는 절대온도에 서로 비례

$$\frac{V_1}{T_1} = \frac{V_2}{T_2}$$

T_1 : 변하기 전 온도, T_2 : 변한 후의 온도
V_1 : 변하기 전 부피, V_2 : 변한 후의 부피

(3) 보일-샤를의 법칙 : 기체의 부피와 압력은 서로 반비례하고 절대온도에 정비례

$$\frac{P_1 V_1}{T_1} = \frac{P_2 V_2}{T_2}$$

메꿈   ① 정압 + 동압   ② $\frac{P}{r} + \frac{U^2}{2g} + Z$

4 이상기체(완전가스) 상태방정식 및 특정기체 상태방정식

(1) 정의 : 보일 – 샤를, mol의 개념을 포함한 방정식으로 이상적인 기체의 분자량 계산을 위해 만들어진 상태방정식

(2) 표현식

$$(\text{[빵꾸1]}) \qquad R = (\text{[빵꾸2]})$$
$$R = 0.082\ [\text{atm} \cdot \text{m}^3/\text{kmol} \cdot \text{K}]$$

07 공기조화

1 공기조화 4대 요소

([빵꾸3]   )

2 공기조화 분류

(1) ([빵꾸4]   ) : 쾌적한 주거환경을 유지하여 보건, 위생 및 근무환경을 향상시키기 위한 공기조화

(2) 산업용 공기조화 : 생산과정에 있는 물질을 대상으로 하여 물질의 온도, 습도 변화 및 유지와 환경의 청정화로 생산성 향상이 목적

08 공기의 상태변화

1 건조공기(Dry Air)

수증기를 전혀 포함하지 않은 공기

메꿈 ① PV=nRT ② 8.314 [kJ/(kmolK)] ③ 온도, 습도, 기류, 청정도 ④ 보건용 공기조화

2 습공기

(1) 습공기의 상태

공기의 압력을 P라고 하면 건공기 분압 P_a와 수증기 분압 P_w의 합

$$P = P_a + P_w$$

따라서 건공기 분압은 수증기 분압을 제외한 값

$$P_a = P - P_w$$

공기와 수증기의 특정기체 상태 방정식을 적용하면

$$P_w V = GRT$$
$$P_a V = G'R'T$$

수증기 특정 기체상수 $R = 0.462 \, [kJ/(kgK)]$
건공기 특정 기체상수 $R' = 0.287 \, [kJ/(kgK)]$

체적과 온도는 같으므로 $\dfrac{G}{G'} = \dfrac{R'P_w}{RP_a} = ($ [빵꾸1] $)$ 으로 수증기 분압과 습도 사이 관계를 유도

(2) 절대습도

습공기 중에 포함되어 있는 건공기 1 [kg′]에 대한 수증기의 질량

$$x = \frac{수증기\ 질량\ [kg]}{건공기\ 질량\ [kg']}$$

(3) 상대습도

① 상대습도 = 포화습공기 상태와 현재 습도의 비
현재 습공기 수증기 분압과 동일온도에서 포화공기의 수증기 분압과의 비

메꿈 ① $0.622 \dfrac{P_w}{P - P_w}$

$$\phi = \frac{\rho_w}{\rho_s} \times 100 \% = (^{[빵꾸1]} \qquad)$$

ρ_w : 현재 불포화공기 1 [m³] 중에 함유된 수분의 질량
ρ_s : 포화공기 1 [m³] 중에 함유된 수분의 질량
P_w : 현재 불포화공기 상태에서 수증기 분압
P_s : 동일온도, 동일압력에 대한 포화공기 수증기 분압

(4) 습공기의 비체적

① 비체적 : ($^{[빵꾸2]}$) 1 [kg]당 습공기 중의 수증기를 포함한 체적 [$m^3/kg\ dry\ air$]

3 수증기의 엔탈피

(1) 수증기 엔탈피

수증기는 0 [℃]의 물을 기준으로 하므로 물에서 증기로 변화하는 데 필요한 증발잠열을 온도만큼의 수증기 정압비열을 계산한 열에 더해야 한다.

$$h_{wa} = \gamma_0 + C_{pw}t$$

γ_0 : 0 [℃] 물의 증발잠열 ≒ ($^{[빵꾸3]}$) ≒ 597.5 [$kcal/kg$]
C_{pw} : 수증기 정압비열 ≒ ($^{[빵꾸4]}$) ≒ 0.441 [$kcal/(kg\ ℃)$]

※ 증발된 경로에 따라 100 [℃] 수증기의 엔탈피가 다르다(이는 온도에 따라 수증기의 정압비열이 달라지는데 일정하게 적용할 때 문제이다).

① 0 [℃]물 ▷ 0 [℃]수증기 ▷ 100 [℃] 수증기(자연적인)
2501 [kJ/kg] + 1.85 [kJ/(kgK)] · 100 [K] = ($^{[빵꾸5]}$)

② 0 [℃] 물 ▷ 100 [℃] 물 ▷ 100 [℃] 수증기(기계적인)
4.19 [kJ/(kgK)] · 100 [K] + 2257 [kJ/kg] = 2676 [kJ/kg]

메꿈 ① $\frac{P_w}{P_s} \times 100$ [%] ② 건조공기 ③ 2501 [kJ/kg] ④ 1.85 [kJ/(kgK)] ⑤ 2686 [kJ/kg]

(2) 따라서 건공기와 수증기가 합쳐진 습공기의 비엔탈피는

$$h = h_a + xh_{wa}$$ x : 절대습도

습공기의 정압비열은
$$C_p = C_{pa} + xC_{pw} = 1.01 + 1.85x \ [kJ/(kgK)]$$
∴ 습공기의 비엔탈피는 ([빵꾸1]   ) [kJ/kg Dry Air]

09 습공기 선도

공기 선도는 외기와 환기의 혼합비율을 공기조화기에서 처리하는 과정에 따라 실내를 희망하는 상태로 할 수 있는지 여부 또는 운전 중 실내의 변화와 공기조화 중 공기의 상태변화 등을 일목요연하게 판별할 수 있게 선도로 나타낸 것

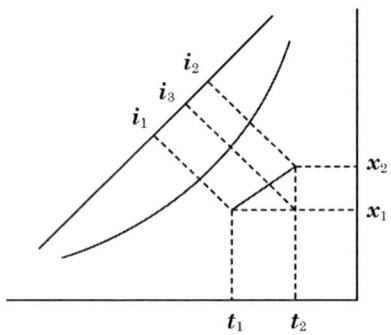

메꿈   ① h = 1.01t + x(2501+ 1.85t)

1 열수분비 u

절대습도의 변화량에 대한 엔탈피 변화량이다.

$$\text{열수분비 } u = \frac{i_2 - i_3}{x_2 - x_1} = \frac{\Delta i}{\Delta x} = \frac{(\text{[빵꾸1]})\text{의 변화량}}{(\text{[빵꾸2]})\text{의 변화량}}$$

i_1 : 상태 2인 공기의 엔탈피 $[kJ/kg]$
i_3 : 상태 3인 공기의 엔탈피 $[kJ/kg]$
x_1 : 상태 1인 공기의 절대습도 $[kg/kg']$
x_2 : 상태 2인 공기의 절대습도 $[kg/kg']$

2 현열비[SHF : Sensible Heat Factor], [Sensible Heat Ratio]

전체 공급 전열량 중 온도를 올리는데 사용된 현열량의 비

$$\text{SHF} = \frac{i_3 - i_1}{i_2 - i_1} = \frac{\Delta i_t}{\Delta t} = \frac{(\text{[빵꾸3]})\text{의 변화량}}{(\text{[빵꾸4]})\text{의 변화량}}$$

또한, $SHF = \dfrac{q_s}{q_s + q_L}$ 으로 표현할 수 있다(q_s : 현열량, q_L : 잠열량).

3 단열 혼합

실내환기(리턴량)를 ① = Q_1, 외기풍량을 ② = Q_2라고 한다면 혼합공기 ③의 건구온도 t, 절대습도 x 및 엔탈피 i는 다음과 같다(산술평균).

$$t_3 = \frac{t_1 Q_1 + t_2 Q_2}{Q_1 + Q_2} \qquad x_3 = \frac{x_1 Q_1 + x_2 Q_2}{Q_1 + Q_2} \qquad i_3 = \frac{i_1 Q_1 + i_2 Q_2}{Q_1 + Q_2}$$

> **메꿈** ① 엔탈피 ② 절대습도 ③ 현열 ④ 엔탈피

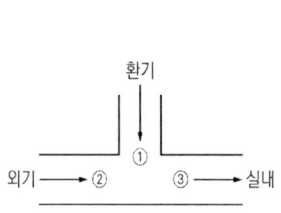
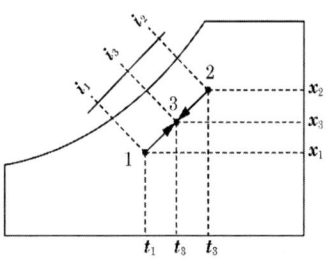

4 공기 선도의 기본 상태 변화

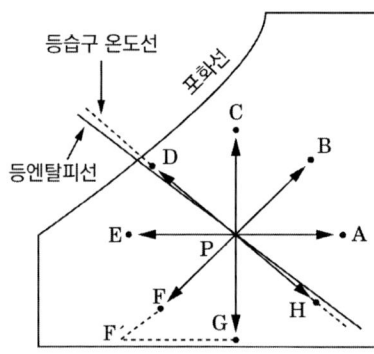

$\overrightarrow{PA}$: 가열 변화
$\overrightarrow{PB}$: 가열 · 가습 변화
$\overrightarrow{PC}$: 등온 · 가습 변화
$\overrightarrow{PD}$: 가습 · 냉각 변화(단열 가습)
$\overrightarrow{PE}$: 냉각 변화
$\overrightarrow{PF}$: 감습 · 냉각 변화
$\overrightarrow{PG}$: 등온 · 감습 변화
$\overrightarrow{PH}$: 가열 · 감습 변화

5 가열 · 가습

(1) 가열 열량계산

$$q_s = GC_p(t_2 - t_1) = G(h_3 - h_1) \ [kJ/h]$$

G = 풍량 Q [m³/h] × 공기밀도 ρ [kg/m³]
C_p : 정압비열 1.01 [kJ/(kg · K)]

(2) 가습 잠열량

$$q_l = RL = GR(x_2 - x_1) = G(i_2 - i_3) \ [kJ/h]$$

L : 가습량 [kg/h]
R : 물의 증발잠열 [kJ/kg]
(0 [℃] 물의 증발잠열 : 2500.9 [kJ/kg])

(3) ()

$$q_t = q_s + q_l = G(i_2 - i_1)$$

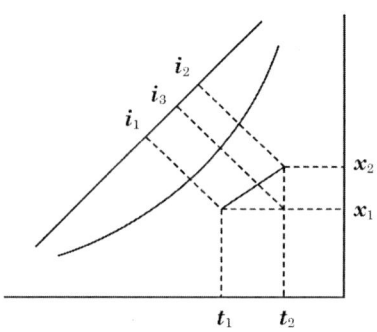

6 냉각·감습과 바이패스 팩터

바이패스 팩터는 ([빵꾸2]) 냉각되지 않고 ([빵꾸3]) 공기의 비율이다.

(1) $BF = \dfrac{t_3 - t_2}{t_1 - t_2} = \dfrac{h_3 - h_2}{h_1 - h_2} = \dfrac{x_3 - x_2}{x_1 - x_2}$

(2) $CF = \dfrac{t_1 - t_3}{t_1 - t_2}$

(3) 바이패스팩터(BF) = ([빵꾸4]) = 1 - CF

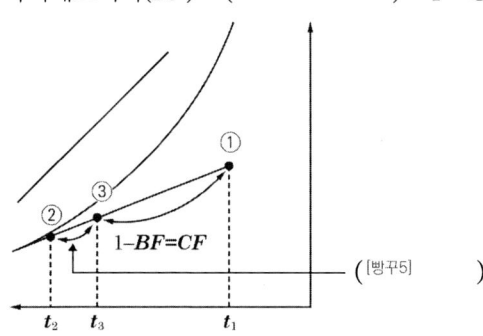

([빵꾸5])

메꿈 ① 총열량 ② 열전달 없이 ③ 통과하는 ④ 1-콘택트팩터 ⑤ BF

Chapter 02 공기조화 계획

01 공기조화 방식

1 공기조화식의 분류

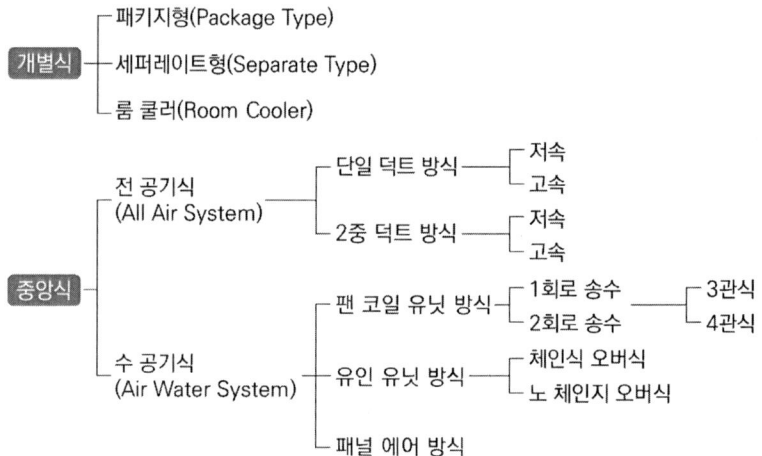

2 중앙공조방식

(1) ([빵꾸1])

① 단일([빵꾸2])방식
- 정풍량 방식 : 말단에 재열기가 없는 방식
- 변풍량 방식 : 재열기가 없는 방식과 재열기가 있는 방식

메꿈 ① 전공기방식 ② 덕트

② 2중([빵꾸1]   )방식
  - 정풍량 2중 덕트방식
  - 변풍량 2중 덕트방식
  - 멀티존 유닛방식
  - 덕트 병용의 패키지방식
  - 각층 유닛방식

(2) 수공기방식(유닛병용방식)
  ① 덕트 병용 팬코일 유닛방식
  ② ([빵꾸2]   )
  ③ 유인유닛방식
  ※ 복사난방 : 바닥패널, 벽패널, 천장패널을 설치하여 복사열을 이용하는 난방

(3) 전수방식
  ([빵꾸3]   )

(4) 개별공조방식(냉매방식)
  ① ([빵꾸4]   )(냉수배관, 복잡한 덕트 등이 없음)
  ② 멀티유닛방식
  ③ 룸쿨러방식

02 공기조화방식 특징

1 전공기방식

(1) 장점
  ① ([빵꾸5]   )가 높은 공조, 냄새 제어, 소음 제어에 적합
  ② ([빵꾸6]   )이므로 운전·보수 관리가 용이
  ③ 겨울철 가습하기 용이하고 계절 변화에 따른 냉·난방 전환이 용이

메꿈 ① 덕트 ② 복사냉난방방식 ③ 팬코일 유닛방식 ④ 패키지방식 ⑤ 청정도 ⑥ 중앙집중식

(2) 단점
  ① 덕트 치수가 커지므로 ([빵꾸1]   )
  ② ([빵꾸2]   )이 필요
  ③ 송풍동력이 커서 반송동력이 큼
  ④ 재순환공기에 의한 실내공기 오염의 우려가 있음
  ⑤ 동절기 비사용 시간대에도 동파 방지를 위해 공조기를 운전해야 함

(3) 적용
  ① 전공기방식을 요구하는 곳(사무실, 학교, 실험실, 호텔, 상가, 병원 등)
  ② 온·습도 및 양호한 청정 제어를 요하는 곳(컴퓨터실, 병원 수술실, 담배공장, 방적공장 등)
  ③ 1실 1계통 제어를 요하는 곳(극장, 백화점, 공장, 스튜디오 등)

2 수공기방식(유닛 병용) 특징

(1) 장점
  ① 덕트의 치수가 작아질 수 있음
  ② ([빵꾸3]   )이 적음
  ③ 환기가 양호
  ④ 유닛별로 제어하면 개별 제어가 가능하여 ([빵꾸4]   ) 운전이 가능

(2) 단점
  ① 필터의 보수, 기기의 점검이 증대하여 ([빵꾸5]   )가 증가
  ② 자동제어가 복잡
  ③ ([빵꾸6]   )이 어려움
  ④ 많은 양의 환기를 요하는 곳은 적용 불가능

(3) 적용
  다수의 존을 가지며, 현열 부하의 변동폭이 크고 고도의 습도 제어가 요구되지 않는 곳(사무실, 병원, 아파트, 실험실, 호텔, 학교 등)

> 메꿈 ① 설치공간이 큼 ② 대형의 공조기계실 ③ 반송동력 ④ 경제적 ⑤ 관리비 ⑥ 외기냉방

3 수방식 특징

(1) 장점
    ① 덕트가 없으므로 ([빵꾸1]   ) 및 ([빵꾸2]   )이 불필요(공간확보)
    ② 재순환공기의 오염이 없음
    ③ 자동제어가 간단, 실별 제어가 용이

(2) 단점
    ① 기기 분산으로 유지관리 및 보수가 어려움
    ② 동력 소모가 큼
    ③ 습도 제어가 불가능
    ④ ([빵꾸3]   )이 불가능. 환기가 좋지 않음

03 냉방부하

1 냉방부하 계산

실내 냉방부하 계산을 위한 조건에는 벽체, 유리, 극간풍, 인체, 기구 등 취득열량(잠열과 관계되는 취득에는 극간풍, 인체부하가 있다)

(1) 외벽, 지붕에서의 태양복사 및 전도에 의한 부하 [kJ/h]
    면적 [m²] × 열관류율 [kJ/m²hK] × 상당 온도차 [K]
    ※ ([빵꾸4]   ) : 일사를 받는 외벽체를 통과하는 열량을 산출하기 위해 실내·외 온도차에 축열계수를 곱한 것

(2) 유리로 침입하는 열량
    ① 복사열량(일사량) : 면적 [m²] × 최대 일사량 [kJ/m²h] × ([빵꾸5]   )
    ② ([빵꾸6]   ) : 면적 [m²] × 유리 열관류율 [kJ/(m²hK)] × 실내외 온도차 [K]

메꿈 ① 공조기계실 ② 덕트 공간 ③ 외기냉방 ④ 상당온도차 ⑤ 차폐계수 ⑥ 관류열량

(3) 틈새바람에 의한 열량(극간풍)

① 현열(감열) = 풍량 [m³/h] × 밀도(1.2 [kg/m³])
　　　　　　　× 비열(1.01 [kJ/kg·K]) × 실내외 온도차 [K]

② ([빵꾸1]) = 풍량 [m³/h] × 밀도(1.2 [kg/m³]) × 잠열(2501 [kJ/kg])
　　　　　　× 실내외 절대습도차 [kg/kg']

※ 극간풍 방지법
- ([빵꾸2])을 설치
- 에어 커튼의 사용
- 충분히 간격을 두고 ([빵꾸3])을 설치
- 실내를 가압하여 외부압력보다 높게 유지

(4) 송풍량 계산

$$q_s [kJ/h] = \rho Q C \Delta t \qquad Q : 환기량 \ [m^3/h]$$

q_s = ([빵꾸4])　　　　q_s : ([빵꾸5])

(5) 인체에서 발생하는 열량

① 현열 = 재실인원수 × 1인당 발생현열량 [kJ/h]

② 잠열 = 재실인원수 × 1인당 발생잠열량 [kJ/h]

(6) 기기열 부하

팬(Fan), 배관, 덕트, 댐퍼 등에 의해 생기며 실내취득 부하의 10 ~ 20 [%] 사이에서 산정

(7) 재열부하

습도가 높은 경우 공기 중 수분제거를 위해 취출온도 이하 냉각된 공기를 취출온도로 가열할 때 부하

메꿈　① 잠열　② 회전문　③ 이중문　④ $1.2 Q × 1.01 × \Delta t$　⑤ 현열량

2 기기열 부하의 취득열량

(1) 실내전열취득량(q_r) = 실내현열부하(q_s) + 실내잠열부하(q_L)

① q_s = 실내현열소계 + 여유율 + 장치 내 취득열량

② q_L = 실내잠열소계 + 여유율 + (기타부하)

(2) 기기열 부하 시 냉각부하

① q_{cc} = 실내취득열량 + 외기부하 + 재열부하 + 기기취득열량 [kJ/h]

04 난방부하

1 방열기

증기, 온수 등의 열매를 사용하여 실내 공기로 열을 방출하는 난방기기이며, 주로 대류난방에 사용되는 직접난방법

(1) 방열기 표준방열량

① 증기 : ([빵꾸1]   )(증기온도 102°, 실내온도 18.5° 기준)

② 온수 : ([빵꾸2]   )(온수온도 80°, 실내온도 18.5° 기준)

(2) 상당방열면적계산(EDR)

$$상당방열면적 = \frac{난방부하}{방열기 방열량}$$

$$\Rightarrow EDR = \frac{Q}{q}$$

Q : 난방부하 [kJ/h]

q : 표준방열량 [kJ/m²h]

EDR : ([빵꾸3]   ) [m²]

메꿈   ① 756 [W/m²]   ② 523 [W/m²]   ③ 상당방열면적

Chapter 03 공조기기 및 덕트

01 공조기기

1 공기정화장치

공기 중 먼지에는 1 [μm] 이하의 증기, 연소에 의한 연기 등이 있고 눈에 보이는 것은 1 [μm] 이상이다. 사람의 폐 등으로 침입하는 것은 5 [μm] 이하이며, 이것이 먼지 중의 85 [%] 이상을 차지하므로 공기여과를 시켜야 한다.

(1) 여과효율 [%]

$$\eta_f = \frac{C_1 - C_2}{C_1} \times 100 \%$$

C_1 : 필터 입구 공기 중의 먼지량
C_2 : 필터 출구 공기 중의 먼지량

(2) 효율측정법

① 계수법(DOP법) : 고성능의 필터를 측정하는 방법으로, 일정한 크기의 시험입자를 사용하여 먼지의 수를 계측

2 열교환

(1) 냉각코일

① 냉수코일의 열교환

㉠ 계산은 대수평균온도차나 산술평균으로 구한다.
㉡ 공기와 물의 흐름은 ([뻥꾸1]   )로 하고 ([뻥꾸2]   )(LMTD)는 되도록 크게 한다.

> 메꿈 ① 대향류 ② 대수평균온도차

$$LMTD = \frac{\Delta_1 - \Delta_2}{2.3\log\frac{\Delta_1}{\Delta_2}} = (^{[빵꾸1]}\qquad) = \frac{(t_1 - t_{w1}) - (t_2 - t_{w2})}{\ln\frac{t_1 - t_{w1}}{t_2 - t_{w2}}}$$

$$= \frac{(고온\,입구 - 저온\,입구) - (고온\,출구 - 저온\,출구)}{\ln\frac{고온\,입구 - 저온\,입구}{고온\,출구 - 저온\,출구}}$$

Δ_1 : 공기 입구 측에서의 온도차(℃ 또는 K)
Δ_2 : 공기 출구 측에서 온도차(℃ 또는 K)

ⓒ 평행류(향류) : $\Delta t_1 = t_1 - t_{w1}$, $\Delta t_2 = t_2 - t_{w2}$
ⓔ 대향류(역류) : $\Delta t_1 = t_1 - t_{w2}$, $\Delta t_2 = t_2 - t_{w1}$
ⓜ 냉수코일의 전열량

$$q = G(i_1 - i_2)$$
$$= G_w C_w \Delta t$$
$$= k \times MTD \times F \times N \times C_m$$

N : 코일의 열수
F : 코일열 전열면적
C_w : 냉각수비열 [kJ/(kgK)]
C_m : ($^{[빵꾸2]}$)(냉각코일 공기 접촉면의 이슬 형성 시 효율 보정)
q : 전열량 [W]
k : 코일의 열관류율 [kJ/(m²hK)]
i_1, i_2 : 공기엔탈피 [kJ/kg], G_w : 냉수량 [kg/h]
Δt : 냉수 입구와 출구의 온도차 [℃ 또는 K]
G : 송풍량 [kg/h]

메꿈 ① $\dfrac{\Delta_1 - \Delta_2}{\ln\dfrac{\Delta_1}{\Delta_2}}$ ② 습면계수

02 덕트

1 동압과 정압

덕트 내의 공기가 흐를 때 에너지 보존법칙에 의해 베르누이의 정리가 성립(아래 식은 Pa단위)

$$p_1 + \frac{v_1^2}{2g}\gamma = p_2 + \frac{v_2^2}{2g}\gamma + \triangle p$$

$$p_1 + \frac{v_1^2}{2}\rho = p_2 + \frac{v_2^2}{2g}\rho + \triangle p$$

γ : 공기의 비중량 [N/m³]
g : 중력가속도 [m/s²]
ρ : 공기밀도(1.2 [kg/m³])
p, v : 덕트 내의 임의의 점에 있어서의 압력 및 공기의 속도
$\triangle p$: 공기가 2점 간을 흐르는 동안 생기는 압력손실 [Pa]
(P_s : 정압, $\frac{v^2}{2}\rho$: 동압, $p_s + \frac{v^2}{2g}\rho$: 전압)

※ 전압 = 정압 + 동압

2 애스펙트비

(1) 애스펙트비

([빵꾸1]) $\frac{a}{b} = \frac{장변}{단변}$ 는 가능한 4 : 1 이하로 제한하며 최대 8 : 1 이상이 되지 않을 것

메꿈   ① 애스펙트비

03 급기 환기 설비

1 축류형 취출구

(1) 노즐형 취출구
  ① 도달거리가 길고, 구조가 간단하며, 소음이 적음
  ② 실내공간이 넓은 경우 ([빵꾸1]   ) 부착하여 횡방향으로 토출
  ③ 천장이 높은 경우 ([빵꾸2]   ) 부착하여 하향 토출 가능

(2) 펑커 루버형
  ① ([빵꾸3]   ) 설치가능
  ② 목을 움직여서 토출 기류의 방향을 바꿀 수 있음
  ③ 토출구에 달혀 있는 댐퍼로 풍량 조절이 쉽게 가능

(3) 베인 격자형
  각 형의 몸체에 얇은 날개를 토출면에 수평 또는 수직으로 설치하여 날개 방향 조절로 풍향을 조정 용이

(4) 라인형 토출구
  ① ([빵꾸4]   ) : 종횡비가 큰 토출구로, 토출구 내에 디플렉터가 있어서 정류작용을 하며 ([빵꾸5]   )으로 사용하여 외기 및 해충 차단

2 복류형 취출구

(1) 아네모스탯형
  ① 1차 공기가 2차공기를 유인하여 ([빵꾸6]   )(유인비가 큼)
  ② 풍량이 풍부하여 ([빵꾸7]   )이 크고 도달거리가 짧음

(2) 팬형
  ① 유인비 및 발생 소음이 적음
  ② 팬의 위치를 상하로 이동시켜 조정이 가능

메꿈 ① 벽에 ② 천장에 ③ 벽과 천장에 ④ 캄 라인형 ⑤ 에어커튼용 ⑥ 풍량이 커진다.
  ⑦ 확산 반경

3 환기 방법

(1) 병용식 : 제 1종 기계 환기법으로 ([빵꾸1]   )를 설치하여 강제 급·배기하는 방식

(2) 압입식 : ([빵꾸2]   ) 환기법으로 송풍기만을 설치하여 강제 급기하는 방식

(3) 흡출식 : 제 3종 기계 환기법으로 ([빵꾸3]   ) 설치하여 강제 배기하는 방식

(4) 자연식 : 자연환기법으로 급·배기가 자연풍에 의해서 환기되는 방식

04 부속 설비

1 등마찰손실법(등압법)
덕트 1 [m]당 마찰손실과 동일 값을 사용하여 덕트 치수를 결정한 것

2 댐퍼

(1) 방화댐퍼(FD : Fire Damper) : ([빵꾸4]   ) 연소공기 온도 약 70 [℃]에 덕트를 폐쇄시키도록 되어 있음

(2) 방연댐퍼(SD : Smoke Damper) : 실내의 연기감지기 또는 화재 초기의 ([빵꾸5]   )를 감지하여 덕트를 폐쇄시킴

(3) 풍량조절댐퍼(VD : Volume Damper)
   ① 버터플라이댐퍼 : 소형덕트 개폐용 또는 풍량조절용
   ② 스플릿댐퍼 : 분기부 풍향조절용

3 토출기류 성질과 토출풍속

(1) ([빵꾸6]   ) : 토출구에서 토출기류의 풍속이 0.25 [m/s]로 되는 위치까지의 거리

메꿈   ① 송풍기와 배풍기   ② 제 2종 기계   ③ 배풍기만   ④ 화재 시   ⑤ 발생 연기   ⑥ 도달거리

(2) ([빵꾸1]   ) : 냉풍 및 온풍을 토출할 때 토출구에서 도달거리에 도달하는 동안 일어나는 기류의 강하 및 상승을 말하며, 이를 강하도 및 최대 상승거리 또는 상승도라고 함

(3) 유인비 : 토출공기(1차 공기)량에 대한 혼합공기(1차 공기 + 2차 공기)량의 비

$$유인비 = \frac{Q_1 + Q_2}{Q_1}$$

4 실내기류 분포

(1) 실내기류와 쾌적감 : 공기조화를 행하고 있는 실내에서 거주자의 쾌적감은 실내공기의 온도, 습도 및 기류에 의해 좌우되며, 일반적으로 바닥면에서 높이 1.8 [m] 정도까지의 거주구역의 상태가 쾌적감을 좌우함

(2) 공기확산 성능계수 : 쾌적감을 주는 범위 내에 있는 측정점수를 전 측정점수에 대한 비로 나타낸 것

(3) 드래프트 : 습도와 복사가 일정한 경우에 실내기류와 온도에 따라서 인체의 어떤 부위에 차가움이나 과도한 뜨거움을 느끼는 것

(4) ([빵꾸2]   ) : 겨울철 외기 또는 외벽면을 따라서 존재하는 냉기가 토출기류에 의해 밀려 내려와서 바닥면을 따라 거주구역으로 흘러들어오는 것 또는 여름철 과냉방에 따라 냉기가 확산되지 않고 일정 흐름으로 이동되는 것으로 이를 방지하기 위해 재열을 하기도 한다.

※ 콜드드래프트 원인
① 인체 주위의 기류속도가 클 때
② 주위 공기의 습도가 낮을 때
③ 인체 주위의 공기온도가 너무 낮을 때
④ 주위 벽면의 온도가 낮을 때
⑤ 겨울철 창문의 틈새를 통한 극간풍이 많을 때

메꿈   ① 최대강하거리   ② 콜드드래프트

Chapter 04 공조프로세스 분석

01 난방설비

1 중앙난방법

일정 장소에 열원(보일러 등)을 설치하여 열매를 난방하고자 하는 특정 장소에 공급하여 공조하는 난방

(1) 직접난방 : 실내에 방열기를 두고 여기에 열매를 공급하는 방법
(2) 간접난방 : 일정장소에서 공기를 가열하여 덕트를 통해 공급하는 방법
(3) 복사난방 : 실내 바닥, 벽, 천장 등에 온도를 상승시켜 복사열에 의한 방법

2 지역난방법

특정한 곳에서 열원을 두고 한정된 지역으로 열매를 공급하는 방법

※ ([빵꾸1])가 절약되나 이송 도중 ([빵꾸2])이 많다.

02 급탕설비

1 온수난방의 분류

(1) 온수의 순환 방법
  ① 중력순환식 온수난방법
  ② 강제순환식 온수난방법

> 메꿈 ① 인건비 ② 열손실

(2) 온수를 보내는 방식에 의한 분류
   ① 하향식 온수난방
   ② 상향식 온수난방
(3) 배관 방식에 의한 분류
   ① 단관식
   ② 복관식

2 온수난방의 특징

(1) 장점
   ① 난방부하의 변동에 따른 ([빵꾸1]   )이 용이
   ② 방열기 표면온도가 낮으므로 표면에 부착한 먼지가 타서 냄새나는 일이 적음
   ③ 예열시간은 길지만 잘 식지 않으므로 환수관의 동결 우려가 작음
   ④ 현열을 이용한 난방이므로 ([빵꾸2]   )가 높음
   ⑤ ([빵꾸3]   )이 크고, 실온 변동이 적음
   ⑥ 워터해머가 생기지 않으므로 소음이 없음

(2) 단점
   ① ([빵꾸4]   )이 길음
   ② 증기난방에 비해 방열면적과 배관의 관지름이 커야 하므로 ([빵꾸5]   )가 비쌈
   ③ 보일러의 허용수두가 50 [mAq] 이하이므로 높은 건물에 사용할 수 없음
   ④ 야간에 난방은 휴지할 때는 동결할 염려가 있음
   ⑤ 공기의 고임에 따른 순환 저해의 원인이 생기는 수가 있음

> 메꿈 ① 온도조절 ② 쾌감도 ③ 열용량 ④ 예열시간 ⑤ 설비비

(3) 팽창탱크

① 팽창탱크 용량

㉠ ([빵꾸1]) 팽창탱크

$$V = \alpha \triangle V = \alpha\left(\frac{1}{\rho_2} - \frac{1}{\rho_1}\right) V[L] = \alpha(\nu_2 - \nu_1) V[L]$$

V : 팽창탱크의 용량

α : 2 ~ 2.5(팽창탱크의 용량은 온수 팽창량의 2 ~ 2.5배)

㉡ ([빵꾸2]) 팽창탱크

$$P = h + h_s + \frac{h_p}{2} + 2mAq$$

P : 밀폐식 팽창탱크의 필요압력(게이지압)에 상당하는 수두[mAq]
h : 밀폐식 팽창탱크가 설치된 계(System) 내하수 수면에서 장치 최고점까지의 거리[m]
h_s : 소요온도에 대한 포화증기압(게이지압)에 상당하는 수두[mAq]
h_p : 순환펌프의 양정[m]

메꿈 ① 개방식 ② 밀폐식

Chapter 05 공조설비 운영관리

01 증기난방

1 증기난방의 분류

(1) 응축수 환수 방법에 의한 분류
  ① ([빵꾸1])(소규모 난방에 사용)
    • 단관식 : 급기와 환수를 동일관에 겸하게 하는 방식
    • 복관식 : 급기관과 환수관을 별개로 배관하는 방식
  ② 진공환수식(대규모 난방에 사용)
    환수관의 끝 보일러 직전에 진공 컴프레션을 접속하여 난방하는 방식
  ③ 기계환수식(대규모 난방에 사용)
    응축수를 탱크에 모아 펌프로 보일러에 급수하는 방식

(2) 환수관의 배관 방법에 의한 분류
  ① 습식 환수관 : 환수주관이 보일러 수면보다 낮은 곳에 배관
  ② 건식 환수관 : 환수주관이 보일러 수면보다 높은 곳에 배관

(3) 증기공급의 배관 방법에 의한 분류
  ① 상향식 : 단관식, 복관식
  ② 하향식 : 단관식, 복관식

메꿈   ① 중력환수식

(4) 증기압력에 의한 분류(순환 방법에 의한 분류)
   ① 저압 증기난방 : 증기압력이 보통 0.015 ~ 0.035 [MPa] (0.1 [MPa]미만)
   ② 고압 증기난방 : 증기압력 0.1 [MPa] 이상

2 증기난방의 특징

(1) 장점
   ① 열의 ([빵꾸1]   )이 큼
   ② 방열면적을 온수난방보다 작게 할 수 있으면 관지름이 가늘어도 됨
   ③ 설비비와 유지비가 저렴함
   ④ 예열시간이 온수난방에 비해 ([빵꾸2]   ) 증기 순환이 빠름
   ⑤ 보일러의 연소율 조정으로 부분난방 대처 가능

(2) 단점
   ① ([빵꾸3]   ) 발생
   ② 환수관의 ([빵꾸4]   )이 우려됨
   ③ 방열기의 표면온도가 높아 화상의 우려가 있으며, 먼지 등의 상승으로 불쾌감을 줌
   ④ 배관 수두손실이 커져 배관저항이 증가
   ⑤ 방입구까지의 배관길이가 8 [m] 이상일 때 관지름이 큰 것을 사용
   ⑥ 초기 통기시 주관 내 응축수를 배수할 때 열손실이 일어남

02 복사난방

1 복사난방 특징

(1) 장점
   ① 실의 ([빵꾸5]   )이 높아도 난방이 가능

> **메꿈** ① 운반능력 ② 짧고 ③ 소음 ④ 부식 ⑤ 천장

② 실내온도 분포가 균일하여 ([빵꾸1]   )가 높음
③ 실내공기의 대류가 적어 공기의 오염도가 적어짐
④ 방열기 설치가 불필요하므로 바닥면의 이용도가 높음
⑤ 실내가 ([빵꾸2]   )에도 난방효과가 좋음
⑥ 동일 방열량에 대한 손실열량이 대체로 적음
⑦ 인체가 방열면에서 직접 열복사를 받음

(2) 단점
① 일시적인 난방에는 비경제적임
② 방열체의 열용량이 크기 때문에 온도 변화에 따른 방열량의 조절이 어려움
③ 방열벽 배면으로부터 열이 손실되는 것을 방지하기 위해 단열시공이 필요
④ 가열코일을 매설하므로 시공, 수리 및 설비비가 비쌈
⑤ 벽에 균열이 생기기 쉽고 매설배관이므로 고장의 발견이 어려움

03 펌프 및 송풍기 동력

1 펌프

(1) 전달동력 : 모터 또는 엔진에 공급되는 동력을 말한다.

$$[kW] = \frac{1000HQ}{102\eta}K$$

$$[kW] = \frac{1000[kgf/m^3]H[mAq]Q[m^3/\sec]}{102[kgf \cdot m/\sec]\eta}K$$

$$1[kW] = 102[kgf \cdot m/\sec]$$

$H[mAq]$: 펌프압력
$Q[m^3/\sec]$: 부피유량
K : 여유율
η(에타) : 펌프효율

메움   ① 쾌감도   ② 개방상태

(2) 축동력 : 모터 또는 엔진에 의해 실제로 펌프 축 공급에 주어지는 동력을 말한다(여유율을 제외한다).

$$(\text{빵꾸1})$$

(3) 수동력 : 유체로 공급되는 동력을 말한다(여유율과 펌프효율 모두 제외한다).

$$[kW] = \frac{1000HQ}{102}$$

2 송풍기의 동력

(1) 송풍기 전달동력(송풍기 입력) : 모터 또는 엔진에 의해 실제로 송풍기 축 공급에 주어지는 동력을 말한다(여유율을 제외한다).

$$[kW] = \frac{1000HQ}{102\eta}K = \frac{PQ}{102\eta}K$$

$$[kW] = \frac{1000[kgf/m^3]P[mmAq] \times \frac{1[mAq]}{1000mmAq}Q[m^3/sec]}{102[kgf\cdot m/\sec]\eta}K$$

$$1[kW] = 102[kgf\cdot m/\sec]$$

$P[mmAq]$: 송풍기 전압
$Q[m^3/\sec]$: 부피유량
K : 여유율
η : 송풍기 효율

$$[kW] = \frac{PQ}{102\eta}K$$

> **메모** ① $[kW] = \frac{1000HQ}{102\eta}$

(2) 송풍기 축동력(송풍기 출력) : 모터 또는 엔진에 의해 실제로 송풍기축 공급에 주어지는 동력을 말한다(여유율을 제외한다).

$$(^{[빵꾸1]} \qquad)$$

(3) 공기동력 : 유체로 공급되는 동력으로 실제로 펌프 축 공급에 주어지는 동력을 말한다(여유율과 송풍기 효율 모두 제외한다).

$$[kW] = \frac{PQ}{102}$$

※ 송풍기의 종류
- 원심형 : 익형, 다익형, 터보형, 리미티드 로드형
- 축류형 : 베인형, 튜브형, 프로펠러형

04 상사의 법칙

1 정의

닮은꼴의 두 펌프가 역학적으로 같은 꼴을 되기 위한 조건을 나타내는 법칙
※ 회전수 = N [rpm], 유량 = Q [m³/s], 양정 = H [mAq], 축동력 = kW라고 할 때

유량	$\frac{Q_2}{Q_1} = \frac{N_2}{N_1}$	유량비는 회전수비에 ([빵꾸2]) 한다.
양정	$\frac{H_2}{H_1} = \left(\frac{N_2}{N_1}\right)^{[빵꾸3]}$	양정비는 회전수비 제곱에 비례한다.
축동력	$\frac{kW_2}{kW_1} = \left(\frac{N_2}{N_1}\right)^{[빵꾸4]}$	축동력비는 회전수비 세제곱에 비례한다.

메꿈 ① $[kW] = \frac{PQ}{102\eta}$ ② 정비례 ③ 2 ④ 3

※ 펌프 제어에 있어 ([빵꾸1]   )를 제어하는 것이 효율적이며 보편적인 방법이 된다.

05 펌프 유효흡입양정(NPSH)과 필요흡입양정(NPSHre)

1 필요흡입양정(NPSH)

펌프가 캐비테이션현상(공동화현상)을 일으키지 않고 정상작동을 전제로 하는 흡입양정으로 요구되는 양정이다.

※ 필요흡입양정 ≤ 유효흡입양정이어야 정상적인 펌프 작동이 가능하다.

2 ([빵꾸2]   )(NPSHre)

문제에서 구체적으로 요구하는 해답으로 정상적으로 작동되는 최고위 펌프위치 측 양정을 말한다.

(1) 펌프가 수면보다 높은 경우
   유효흡입양정 = 대기압(또는 국소대기압) - 포화수증기압(현재) - 마찰손실 - 펌프높이

(2) 펌프가 수면보다 낮은 경우

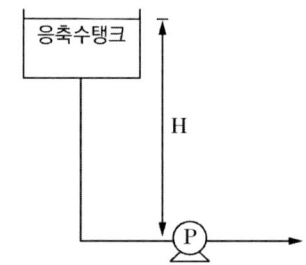

메꿈 ① 회전수 ② 유효흡입양정

유효흡입양정 = 대기압(또는 국소대기압) - 포화수증기압(현재)
           - 마찰손실 + 펌프높이
※ 기본적으로 양정의 단위는 [mAq]이다.

3 펌프의 이상현상

(1) ([빵꾸1]   )(공동화 현상)

펌프 흡입 측 배관에서 발생할 수 있는 현상으로 상태 온도에 따라 형성된 포화수증기압이 끌어올리려는 물의 압력보다 커질 경우 물은 급격히 증발되고 기포가 형성되어 빈 공간을 만들게 되는 현상으로 진동, 소음을 수반하고 양수불능을 초래한다.

① 원인
  ㉠ 펌프 1차 측 배관의 ([빵꾸2]   )이 클 때
  ㉡ 펌프가 수원보다 높아 흡입수두가 ([빵꾸3]   )할 때
  ㉢ 물의 온도가 높아 ([빵꾸4]   )이 클 때
  ㉣ 펌프 1차 측 배관의 ([빵꾸5]   )이 빠를 때
  ㉤ 펌프 임펠러 회전속도가 빠를 때

② 방지법
  ㉠ 펌프 1차 측 배관의 마찰손실이 적은 배관을 사용한다.
  ㉡ 펌프의 높이를 낮춘다.
  ㉢ 배관을 보온재 등으로 온도상승을 방지한다.
  ㉣ 펌프 1차 측 배관의 관경을 큰 것으로 하거나 양 흡입을 사용한다.
  ㉤ 펌프 임펠러 회전속도를 낮춘다.

(2) ([빵꾸6]   )

여러 원인으로 펌프 2차 측 송출량이 주기적으로 변화하여 배관의 진동과 소음을 동반하는 현상으로 배관 및 기기의 파손 우려가 있다.

메꿈 ① 캐비테이션 ② 마찰손실 ③ 과대 ④ 포화수증기압 ⑤ 유속 ⑥ 맥동현상

① 원인
　㉠ 펌프의 산형 양정곡선의 정상 직전 상승부에서 운전 시
　㉡ 펌프 2차 측 배관 중 공기탱크 또는 공기고임 등 원인이 존재할 때
　㉢ 유량조절밸브의 위치가 토출 측과 멀고 중간에 물탱크 등이 있을 때
② 방지법
　㉠ 양수량 또는 임펠레 ([빵꾸1])의 변경
　㉡ ([빵꾸2])의 우려가 있는 경우 제거한다.
　㉢ 유량조절밸브를 펌프 2차 토출 측 직후 설치한다.
　㉣ 플렉시블 이음, 진동방지 중량기반 등 진동방지 대책을 적극 사용한다.

(3) 수격작용

유체의 운동에너지가 관로의 급격한 각도 변화 또는 밸브의 급격한 조작에 따라 부딪히고 매질에 따라 반사되어 돌아와 고압력원으로 충격을 동반하는 현상으로 배관 및 기기의 파손 우려가 있다.

① 원인
　㉠ 관로의 급격한 ([빵꾸3]) 변화
　㉡ 관로의 급격한 ([빵꾸4])
　㉢ 펌프의 급격한 ([빵꾸5]), ([빵꾸6]) 또는 밸브의 급격한 ([빵꾸7])
② 방지법
　㉠ 수격방지기를 발생 우려 위치에 설치한다.
　㉡ 배관의 관경을 크게 하여 유속을 낮춘다.
　㉢ 밸브는 송출구 가까이 천천히 제어한다.
　㉣ 플라이 휠 등 펌프의 급격한 속도변화를 방지한다.

메꿈　① 회전수　② 공기고임　③ 각도　④ 축소　⑤ 기동　⑥ 정지　⑦ 조작

Chapter 06 보일러설비

01 보일러 관리

1 보일러 종류 및 특성

(1) 보일러의 구성요소

① 본체 : 연소실, 대류 전열면

② 부속 장치 : 연소 장치, 송풍 장치, 급수 장치, 자동 제어 장치 등

③ 부속 기기 : 안전밸브, 수면계, 압력계 등

(2) 보일러의 분류

① 열매에 따라

㉠ 온수 보일러 : 소용량, 저층 건물에 사용

㉡ 증기 보일러 : 대용량, 고층 건물에 사용

㉢ 열매체 보일러 : 열매체를 가열하여 열교환하는 대용량 보일러

② 재질에 따라

㉠ 주철제 보일러 : 증기용 저압

㉡ 강제 보일러 : 수관식, 연관식

㉢ 스테인리스 보일러 : 내구성이 큰 온수용

③ 구조에 따른 분류

㉠ 수관식 보일러 : 관수가 수관 내부에서 가열되는 보일러(수관식, 관류형 보일러)

㉡ 관류형 보일러 : 관 속에 흐르는 물을 가열하는 구조

㉢ 연관식 보일러 : 연소 가스가 관 내부에 통과하는 구조

(3) 보일러의 특성
  ① 주철제 보일러
    ㉠ 장점
      • 전열면적이 크며 효율이 좋고 주철로 내식성이 좋다.
      • 조립식으로 섹션의 증감 ([빵꾸1]   )의 용이하며, 조립 해체가 ([빵꾸2]   )
    ㉡ 단점
      • 내압에 대한 강도가 약하여 굽힘, 충격, 열충격 등에 약하고 고압으로 사용이 불가하고 균열이 생기기 쉽다.
      • 용량이 적다.
  ② 입형 보일러
    수직으로 세운 드럼 내 연관(Fire Tube) 또는 수관(Water Tube)이 있는 ([빵꾸3]   )의 패케이지형
    ㉠ 장점 : 청소, 검사, 수리가 비교적 용이하며, 설치 면적이 작고, 취급이 용이함
    ㉡ 단점 : 효율이 나쁘며, 건증기를 얻기가 힘들다.
    ㉢ 종류 : 가로관식 보일러, 입형 단관식(연관식)
  ③ ([빵꾸4]   ) 보일러
    노통내의 파이프 속으로 연소가스를 통과시켜 파이프 밖에 있는 물을 가열 또는 증발시킨다.
    ㉠ 장점 : ([빵꾸5]   )에 적응이 좋고 ([빵꾸6]   )이 좋다. 수관식에 비해 경제적이며 설치면적이 작다.
    ㉡ 단점 : 예열 시간이 ([빵꾸7]   ) 수명이 짧다. 스케일 부착이 쉬워 급수 처리가 필요하다.

메꿈   ① 용량조절 ② 용이함 ③ 소규모 ④ 노통연관식 ⑤ 부하변동 ⑥ 열효율 ⑦ 길고

④ 관류형 보일러
  수관 보일러와 같이 수관으로 되어 있으나 드럼이 없음
  ㉠ 장점 : ([빵꾸1]   )이 적어 가열시간이 ([빵꾸2]   ). 부하 변동에 적응이 쉽다. 경량 설치 면적이 적다.
  ㉡ 단점 : 수명이 짧고 비싸며 소음이 크다.
⑤ 수관식 보일러
  드럼과 드럼 간에 여러 개의 수관을 연결한 보일러
  ㉠ 장점 : ([빵꾸3]   ), ([빵꾸4]   )이며, ([빵꾸5]   )에 대한 적응이 쉽다. 전열 면적이 커서 증기발생이 빠르며, ([빵꾸6]   )이 좋다(90 [%] 이상).
  ㉡ 단점 : 구조가 복잡하고 가격이 비싸다. 스케일 부착이 쉬워 급수 처리가 까다롭다. 청소, 검사, 수리가 복잡하다.
⑥ 열매체 보일러
  특수 열매체를 가열하여 저 압력으로 높은 온도의 열을 쉽게 얻어 열을 공급하는 기기
  ㉠ 장점 : 저압에서 고온을 얻을 수 있고 열 손실이 없다. 급·배수 처리가 없어 동결 우려가 없다.
  ㉡ 단점 : 열매 취급이 어렵고 누출 시 화재의 위험이 있다.

메꿈 ① 보유수량 ② 짧다 ③ 고압 ④ 대용량 ⑤ 부하 변동 ⑥ 효율

MOAG

모아바 www.moa-ba.com
모아소방전기학원 www.moate.co.kr

공·조·냉·동·기·계·산·업·기·사

Part 02
냉동냉장 설비

Chapter 01 냉동 이론

01 냉동의 기초 및 원리

1 냉동

어느 공간 또는 특정한 물체의 온도를 현재의 온도보다 낮게 하고 그 낮게 한 온도를 계속 유지시켜 나가는 것으로 물체 열의 이동 또는 결핍을 냉동이라 한다.

(1) 냉장 : 특정 물체가 얼지 않을 정도의 상태에서 저장하는 것

(2) 냉각 : 특정 물체의 온도를 상온보다 낮게 내려주는 것

(3) 동결 : 수분이 있는 물질을 상하지 않도록 동결점 이하의 온도까지 얼려 버리는 것

(4) 제빙 : 상온의 물을 -9[℃] 저온의 얼음으로 만드는 것

(5) 저빙 : 상품화된 얼음을 저장하는 것

(6) 제습 : 공기나 제품의 습기를 제거하는 것

2 냉동효과

(1) 냉동효과(냉동량, 냉동력) : 압축기 ([빵꾸1]) 엔탈피에서 ([빵꾸2]) 직전 엔탈피를 뺀 값으로, 냉매 1[kg]이 증발기에서 흡수하는 열량 [kJ/kg]

(2) 냉동능력 : 단위시간에 증발기에서 흡수하는 열량 [kJ/h]

※ ([빵꾸3]) : 냉매와 피냉동체 사이 열교환을 위한 2차 냉매

메꿈 ① 흡입가스 ② 팽창밸브 ③ 브라인

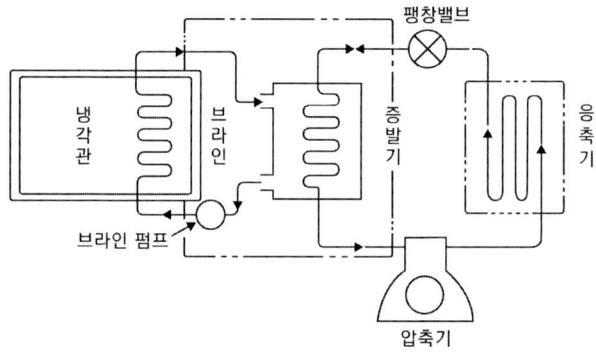

3 냉동의 원리

(1) 기계 냉동법

① 증기 분사식 냉동법 : 물을 냉매로 하며 이젝터로 다량의 증기를 분사할 때의 부합작용을 이용하여 냉동을 하는 방법

② ([빵꾸1]) 냉동법 : 액체의 증발잠열을 이용하여 피냉각물로부터 열을 흡수하여 냉각하는 방법으로 냉매의 순환 경로는 증발기, 압축기, 응축기, 팽창밸브 순서로 함

③ 공기 압축식 냉동기

  ㉠ 공기를 냉매로 하여 팽창기에서 단열 팽창시켜 냉각기에서 열을 흡수

  ㉡ 압축기는 체적이 크고 효율이 나쁨

  ㉢ 줄-톰슨 효과를 이용한 것

④ ([빵꾸2]) 냉동법 : 증기 압축식 냉동기에 압축기의 기계적 일 대신 가열에 의해 압력을 높여 주기 위하여 흡수기와 가열기가 있으며, 저온에서 용해되고 고온에서 분리되는 두 물질을 이용하는 방법

메꿈 ① 증기 압축식 ② 흡수식

※ 흡수식 냉동장치 용량제어 방법
  ㉠ 가열 증기 또는 온수 유량 제어
  ㉡ 바이패스 제어
  ㉢ 구동열원 입구 제어
  ㉣ 흡수액 순환량 제어
※ 흡수식 냉동기 내용 첨부
⑤ 전자 냉동기(열전 냉동기)
  ㉠ ([빵꾸1]) : 어떤 두 종의 다른 금속을 접합하여 이것에 직류 전기를 통하면 접합부에서 열의 방출과 흡수가 일어나는 현상을 이용해 저온을 얻을 수 있다.
  ㉡ 전류의 흐름 방향을 반대로 하면 열의 방출과 흡수가 반대로 됨
  ㉢ 전자 냉동기는 운전부분이 없어 소음이 없고 냉매가 없으므로 배관이 없으며 대기오염과 오존층 파괴의 위험이 전혀 없고 반영구적임

4 냉매

(1) 물리적
① 저온에서도 높은 포화압력을 가지고 상온에서 응축액화가 잘될 것
② ([빵꾸2])가 낮을 것
③ ([빵꾸3])가 높을 것
④ 윤활유, 수분 등과 작용하여 냉동작용에 영향을 미치는 일이 없을 것
⑤ ([빵꾸4])이 크고 액체비열이 작을 것
⑥ 점도와 표면장력이 ([빵꾸5])
⑦ 누설 발견이 쉬울 것
⑧ 전열작용이 양호할 것
⑨ ([빵꾸6])가 작을 것
⑩ 터보 냉동기용 냉매는 가스 비중이 클 것
⑪ 전기적 절연내력이 크고 전기절연물질을 침식시키지 않을 것

메꿈　① 펠티에 효과　② 응고온도　③ 임계온도　④ 증발잠열　⑤ 작을 것　⑥ 비열비

(2) 화학적
   ① 인화, 폭발성이 없을 것
   ② 금속을 부식시키지 않을 것
   ③ 화학적으로 안정될 것

(3) 경제적
   ① 가격이 저렴할 것
   ② 자동운전이 용이할 것
   ③ 동일 냉동능력에 대해 소요동력이 적게 들 것

(4) 생물학적
   ① 인체에 무해할 것
   ② 악취가 없을 것
   ③ 냉장품에 닿아도 냉장품을 손상시키지 않을 것

(5) 냉매 장치에 대한 영향
   ① ([빵꾸1]   ) : 암모니아 냉동장치에서 장치 내 수분이 침투하면 암모니아와 반응하여 암모니아수가 생성되며, 이 암모니아수는 오일의 입자를 미립자로 분리시키고 오일의 빛이 우윳빛으로 변하는 현상
   ② ([빵꾸2]   ) : 프레온 냉동장치에서 수분과 프레온이 작용하여 산이 생성되고 침입한 공기 중의 산소와 화합하여 동에 반응한 다음 압축기 각 부분의 금속표면에 동이 도금되는 현상
      ㉠ R-12보다 R-22에서 잘 일어나며, R-22보다 염화메틸에서 더 잘 일어난다.
      ㉡ 장치 내 수분이 많을 때 수소원자가 많은 냉매일수록, 왁스 성분이 많은 오일을 사용할 때 온도가 높은 부분일수록 잘 일어난다.
   ③ ([빵꾸3]   ) : 프레온 냉동기에서 압축기 정지 시 크랭크 케이스 내의 오일 중에 용해되어 있던 프레온 냉매가 압축기 기동 시 크랭크 케이스 내의 압력이 급격히 낮아져 오일과 냉매가 급격히 분리하는데, 이 때문에 유면이 약동하여 윤활유에 거품이 일어나는 현상

메꿈   ① 에멀전 현상   ② 동부착 현상   ③ 오일 포밍 현상

㉠ 오일 해머링 : 냉동장치에서 오일 포밍 현상이 일어나면 실린더 내부로 다량의 오일이 올라가 오일을 압축하여 실린더 헤드부에서 이상음이 발생되는 현상
㉡ 오일 포밍 방지
크랭크 케이스 내에 오일 히터를 설치하여 기동 30분 ~ 2시간 전에 예열하여 오일과 냉매를 분리시킨 뒤 압축기 기동

5 암모니아(NH_3) 냉매 특성

(1) 암모니아
① 가연성, 폭발성, 독성이며 악취가 있음
② 냉동효과가 커서 다른 냉매보다 냉매 순환량이 적어도 되기 때문에 배관이 가늘어도 됨
③ ([빵꾸1]   )가 냉매 중 제일 큼
④ 열저항이 작고 ([빵꾸2]   )는 냉매 중에서 가장 큼

(2) 금속에 대한 부식성
① 동 및 동합금을 부식시키기 때문에 ([빵꾸3]   )을 사용하지 않음
② 수은과 폭발적으로 화합함
③ 패킹재료는 천연고무나 아스베스토스를 사용
④ 에보나이트, 베이클라이트를 침식시킴
⑤ 수분이 있으면 아연을 침식시킴

(3) 전기적 성질 : 절연물질을 약화시키기 때문에 밀폐식 냉동기에 부적합

(4) ([빵꾸4]   ) 및 ([빵꾸5]   ) : 공기 중에서 15 ~ 28 [%] 혼입되면 폭발의 위험성이 있음

(5) 독성 : ([빵꾸6]   )이 강함

메꿈 ① 비열비 ② 전열효과 ③ 동관 ④ 연소성 ⑤ 폭발성 ⑥ 독성

(6) 윤활유
　① 윤활유에 잘 융해되지 않음
　② 수분이 존재하면 에멀션 현상이 일어나 유분리기에서 오일이 분리되지 않고 장치 내로 넘어가서 고임
　③ 윤활유는 정기적으로 보충

(7) 수분
　① 수분이 침투되면 금속의 부식을 촉진시킴
　② ([빵꾸1]   )과 잘 용해하며, 냉동장치 내 수분이 1 [%] 혼합 시 증발 온도가 1/2 [℃] 상승

6 프레온 냉매 특성

(1) 구성 : 탄화수소와 할로겐 원소의 화합물
　① R-○○ : 메탄계 탄화수소(R-10 ~ R-50)
　　㉠ R-12 : CCl_2F_2
　　㉡ R-22 : $CHClF_2$
　② R-○○○ : 에탄계 탄화수소(R-110 ~ R-170)
　　㉠ R-113 : $C_2Cl_3F_3$
　　㉡ R-123 : $C_2HCl_2F_3$

(2) 물리적 & 열역학적 특성
　① 비등점 범위가 넓음
　② ([빵꾸2]   )이 불량하기 때문에 전열면적을 넓혀주기 위해 핀 튜브 사용
　③ ([빵꾸3]   )과 용해
　④ 수분의 용해도는 극히 작음
　⑤ 절연내력이 크고 전기 절연물을 침식하지 않으므로 밀폐형 냉동기에 사용 가능

메꿈　① 수분　② 전열　③ 오일

(3) 화학적 특성

　① 열에 대해 안정

　② 불연성이며 ([빵꾸1]　　)

　③ 독성이 ([빵꾸2]　　)

　④ 염소가 많은 것은 에테르 냄새가 남

　⑤ ([빵꾸3]　　)이 촉매로 존재하면 가수분해가 일어나 산을 생성하여 금속을 부식시킴

　⑥ 마그네슘을 2 [%] 이상 함유하는 ([빵꾸4]　　)을 부식

　⑦ 강, 주물, 동, 아연, 주석, 알루미늄 및 이들의 합금 기계구성용 금속 재료의 자유로운 선택

(4) 혼합냉매 : 2종의 냉매 혼합 시 그 혼합 비율이 특정 비율이 아니면 액상, 기상의 혼합 비율이 다르게 되고 냉동장치 중에도 2종의 냉매 각각의 특성을 갖음

　① ([빵꾸5]　　) 혼합냉매 : 2종의 냉매의 비점이 같은 냉매(반대말 비공비 혼합냉매)

7 브라인

증발기에서 발생하는 냉매의 냉동력을 피 냉각물질 또는 냉각물질에 열전달의 중계 역할을 하는 2차 냉매로, 냉매는 잠열에 의해 열을 운반하고 브라인은 현열에 의해 열을 운반

(1) 브라인 구비조건

　① 부식성이 없을 것

　② ([빵꾸6]　　)이 클 것

　③ ([빵꾸7]　　)이 낮을 것

　④ ([빵꾸8]　　)이 작을 것

　⑤ 누설되어도 냉장품에 손상이 없을 것

메꿈　① 비폭발성　② 없음　③ 강　④ 알루미늄합금　⑤ 공비　⑥ 열용량　⑦ 응고점　⑧ 점성

⑥ 가격이 저렴할 것
⑦ 비열이 클 것
⑧ ([빵꾸1]   )이 클 것
⑨ 불연성일 것
⑩ 구입이 용이할 것

(2) 브라인 종류
① 무기질 브라인 : 탄소(C)를 포함하지 않고 금속의 부식력이 크며, 가격이 저렴. NaCl, $CaCl_2$, $MgCl_2$
  ※ 부식성 : NaCl > $MgCl_2$ > $CaCl_2$
② 유기질 브라인
  ㉠ 탄소를 포함한 브라인
  ㉡ 가격이 비쌈
  ㉢ 부식력이 작음
    • 에틸렌글리콜 : 부식성이 무기질 브라인보다 작으며 소형 기계에 사용
    • 메틸렌클로라이드, R-11 : 초저온에 사용
    • 프로필렌글리콜 : 부식성이 작고 독성이 없으며 냉동식품 동결용으로 사용
③ 브라인 동파 방지대책
  ㉠ 부동액 첨가
  ㉡ 동파방지용 온도조절기 설치
  ㉢ 증발압력조정밸브 설치
  ㉣ 순환펌프와 압축기 모터를 인터록시킴
  ㉤ 단수릴레이 설치

메꿈   ① 열전도율

8 윤활유 구비조건

(1) ([빵꾸1]   )이 낮고 ([빵꾸2]   )이 높을 것

(2) 점도가 알맞고 변질되지 않을 것

(3) 윤활유 소비량이 적을 것

(4) 장기 휴지 중 방청능력이 있을 것

(5) 수분이 포함되지 않으며 불순물이 없고 전기적인 절연내력이 클 것

(6) 저온에서 왁스 분리가 되지 않으며 ([빵꾸3]   ) 흡수가 적을 것

9 윤활유 사용목적

(1) ([빵꾸4]   )

(2) ([빵꾸5]   ) 향상과 소손 방지

(3) 유막 형성으로 냉매가스 누설 방지

(4) ([빵꾸6]   )으로 패킹재료를 보호

(5) 패킹 보호

(6) 진동 · 소음 · 충격 방지

10 유압 상승 원인

(1) 유압계 불량

(2) 오일 ([빵꾸7]   )

(3) 유순환 회로가 ([빵꾸8]   )

(4) 유압조정밸브 불량

(5) ([빵꾸9]   )이 낮을 경우

메꿈 ① 응고점 ② 인화점 ③ 냉매가스 ④ 마모 방지 ⑤ 기계적 효율 ⑥ 냉각작용
⑦ 과충전 ⑧ 막혔을 때 ⑨ 유온

11 유압 저하 원인

(1) 유압계 불량

(2) 오일 중 ([빵꾸1]   )

(3) ([빵꾸2]   )이 높을 경우

(4) 유여과망이 막혔을 경우

(5) 유배관에서의 누설

(6) 유압조정밸브 불량

(7) 기어펌프 고장

02 냉매 선도와 냉동사이클

1 몰리에르 선도

(1) 과냉각액 구역 : 동일 압력하에서 포화 온도 이하로 냉각된 액의 구역

(2) 과열증기 구역 : 건조포화증기를 더욱 가열하여 포화온도 이상으로 상승시킨 구역

(3) 습포화증기 구역 : 포화액이 동일 압력 하에서 동일 온도의 증기와 공존할 때의 상태구역

(4) 포화액선 : 포화온도 압력이 일치하는 비등 직전 상태의 액선

(5) 건조포화증기선 : 포화액이 증발하여 포화온도의 가스로 전환한 상태의 선

메꿈   ① 냉매 혼입   ② 유온

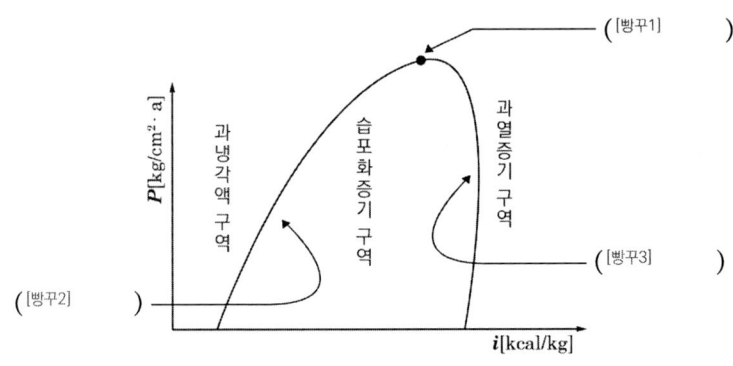

P-i 선도

2 압축냉동사이클과 몰리에르 선도

(1) 과냉각도가 크면 클수록 팽창밸브 통과 시 플래시가스 발생량이 감소하므로 냉동능력이 증대됨

(2) 과냉각과정 → 과냉각도 = 응축온도 (t_f) - 팽창젤브 직전액온도(t_c)
- a → b : 압축기
- b → e : 응축기(b ~ c : 과열 제거 과정, c ~ d : 응축 과정, d ~ e : 과냉각 과정)
- e → f : 팽창밸브
- f → a : 증발기
- g → f : 팽창 직후 플래시 가스 발생량

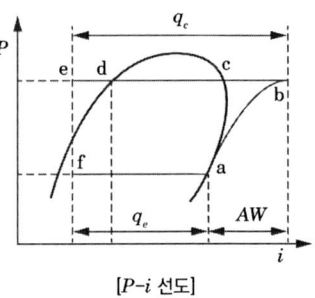

[P-i 선도]

메꿈 ① 임계점 ② 포화액선 ③ 건조포화증기선

03 기본냉동사이클

1 기본냉동사이클 열량계산

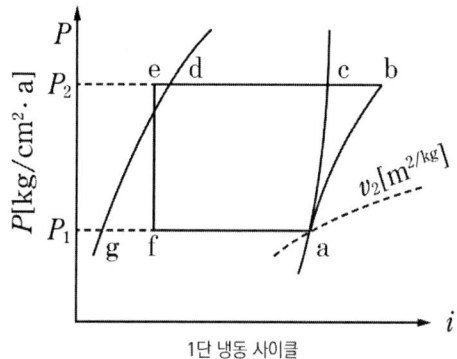

1단 냉동 사이클

(1) ([빵꾸1]   )(냉동력) : 냉매 1 [kg]이 증발기에서 흡수하는 열량

$$q_e = i_a - i_f [kJ/kg]$$

(2) 압축일의 열당량

$$AW = i_b - i_a [kJ/kg]$$

(3) ([빵꾸2]   ) 방출열량

$$q_c = q_e + AW = i_b - i_e [kJ/kg]$$

(4) 증발잠열

$$q = i_a - i_g [kJ/kg]$$

메꿈   ① 냉동효과 ② 응축기

(5) 팽창밸브 통과 직후(증발기 입구) 플래시 가스 발생량

$$q_f = i_f - i_g \, [kJ/kg]$$

(6) 팽창밸브 통과 직후 건조도 x는 선도에서 f점의 건조도를 찾음

$$x = 1 - y = \frac{q_f}{q} = \frac{i_f - i_g}{i_a - i_g}$$

(7) 팽창밸브 통과 직후의 습도

$$y = 1 - x = \frac{q_e}{q} = \frac{i_a - i_f}{i_a - i_g}$$

(8) 성적계수

① 이론적 성적계수

$$COP = \frac{q_e}{AW}$$

② ([뻥꾸1]   )

([뻥꾸2]   )

③ 실제적 성적계수

$$COP = \frac{q_e}{AW}\eta_c\eta_m = \frac{Q_e}{N}$$

T_1 : 고압(응축) 절대온도 [K]
T_2 : 저압(증발) 절대온도 [K]
η_c : 압축효율
η_m : 기계효율
Q_e : 냉동능력 [kJ/h]
N : 축동력 [kJ/h]

> **메꿈** ① 이상적 성적계수 ② $COP = \dfrac{T_2}{T_1 - T_2}$

(9) 냉동능력 : 증발기에서 시간당 흡수하는 열량

$$Q_e = Gq_e = G(i_a - i_e) = \frac{V}{v_a}\eta_v(i_a - i_e)\,[kJ/h]$$

V : 피스톤 압출량 [m³/h]
v_a : 흡입가스 비체적 [m³/kg]
η_v : 체적효율

(10) 냉동톤

$$(\,^{[빵꾸1]}\,) = (\,^{[빵꾸2]}\,) = \frac{Gq_e}{13900.8} = \frac{V(i_a - i_e)}{13900.8 v_a}\eta_v\ [RT]$$

(11) 냉매순환량 : 시간당 냉동장치를 순환하는 냉매의 질량

$$G = \frac{Q_e}{q_e} = \frac{V}{v_a}\eta_v = \frac{Q_c}{q_c} = \frac{N}{AW}\ [kg/h]$$

V : 피스톤 압출량 [m³/h]
v_a : 흡입가스 비체적 [m³/kg]
η_v : 체적효율

(12) 압축비

$$a = \frac{P_2}{P_1}$$

P_1 : 압축기 1차 측 압력
P_2 : 압축기 2차 측 압력

메꿈 ① RT ② $\dfrac{Q_e}{13900.8\,[kJ/h]}$

04 2단 냉동사이클

1 2단 압축사이클

(1) 2단 압축냉동사이클

① 2단 압축 1단 팽창밸브

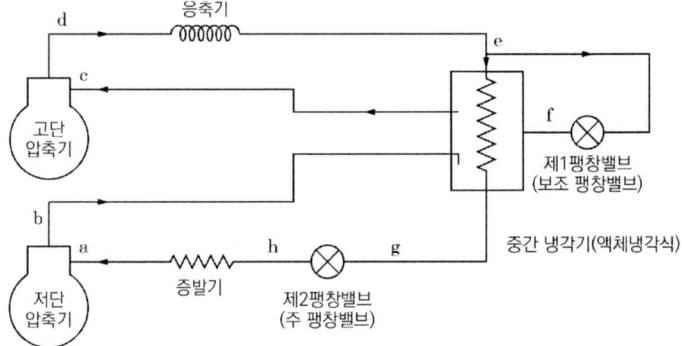

2단 압축 1단 팽창 장치도

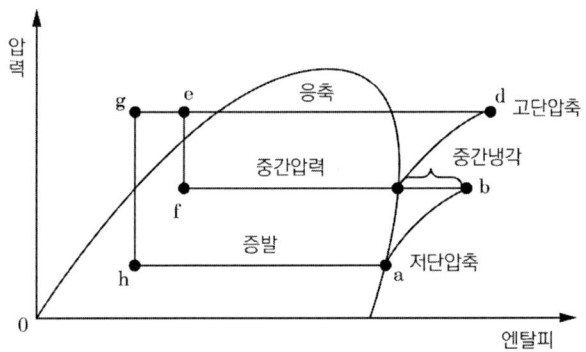

2단 압축 1단 팽창 P-i 선도

② 2단 압축 2단 팽창사이클

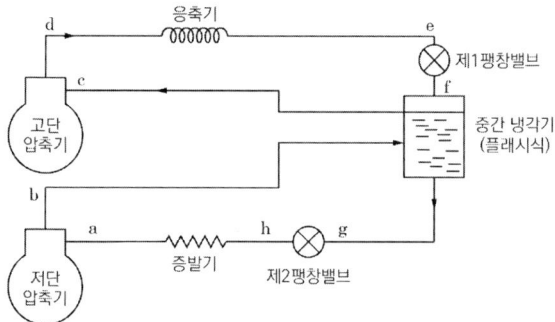

2단 압축 2단 팽창 장치도

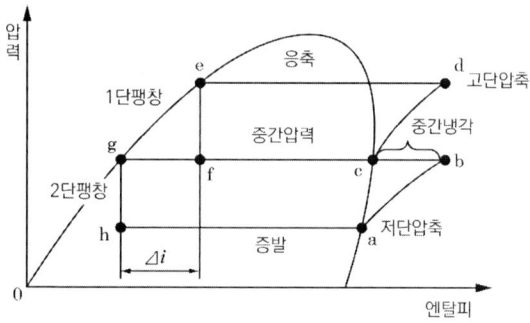

2단 압축 2단 팽창 P-i 선도

※ 플래쉬 현상 : 액화되어 있는 냉매가 조건(압력과 온도)에 따라 재증기가 되는 현상

③ 중간 냉각기 역할
  ㉠ 고단 압축기의 액압축 방지
  ㉡ 저단 압축기 토출가스 온도의 과열도를 제거하여 고단 압축기 과열 압축을 방지해서 토출가스 온도 상승을 감소
  ㉢ 팽창밸브 직전의 액냉매를 과냉각시켜 플래시 가스의 발생량을 감소시켜 냉동 효과 향상

2 2단 냉동사이클 열량계산

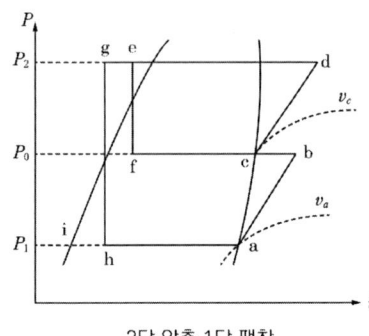

2단 압축 1단 팽창

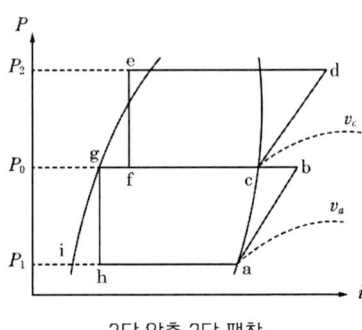

2단 압축 2단 팽창

(1) 냉동효과

$$q_e = i_d - i_h \, [kJ/kg]$$

(2) 압축비

$$a = \sqrt{\frac{P_2}{P_1}}$$

(3) 중간압력

([뻥꾸1])

메꿈 ① $P_0 = \sqrt{P_1 P_2}$ [kPa]

05 카르노 및 역카르노사이클

1 카르노사이클

열기관의 이상 사이클이며 현실적으로 실현 불가능하며 완전 가스를 작업 물질로 하는 두 개의 가역 등온 과정과 두 개의 가역 단열 과정으로 구성

(1) 카르노사이클

유효일 $W = Q_1 - Q_2$

열효율 $\eta_c = \dfrac{([빵꾸1])}{([빵꾸2])} = \dfrac{([빵꾸3])}{([빵꾸4])} = 1 - \dfrac{Q_2}{Q_1}$

열효율 η_c

$$\eta_c = \frac{유효일(W)}{공급열량(Q_1)} = \frac{Q_1 - Q_2}{Q_1} = 1 - \frac{Q_2}{Q_1}$$

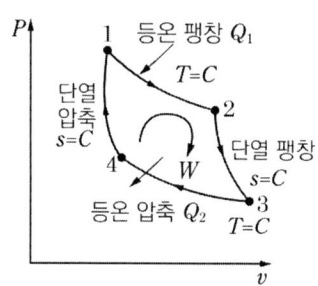
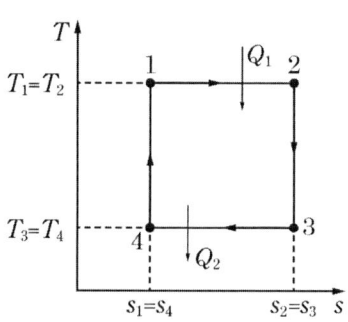

메꿈 ① 유효일(W) ② 공급열량(Q_1) ③ $Q_1 - Q_2$ ④ Q_1

Chapter 02 냉동장치의 구조

01 압축기

1 압축 방식에 의한 분류

(1) 원심식 : ([빵꾸1]   ) 또는 센트리퓨걸 컴프레서라고도 하며, 임펠러의 고속회전에 의해 압축하는 방식

　※ 터보 냉동장치의 장점
- 마찰부분이 없으므로 마모로 인한 기계적 성능저하나 ([빵꾸2]   )이 적음
- 자동운전이 용이하며 정밀한 용량 제어 가능
- 회전운동이므로 진동 및 소음이 없음
- 흡입 토출밸브가 없고 압축기 연속적임
- 왕복동의 최대 용량은 150 [RT] 정도이지만, 일반적으로 터보 냉동기는 최저용량이 150 [RT] 이상임
- 장치가 유닛으로 되어 있기 때문에 설치면적이 작음

(2) 회전식 : 로터리 컴프레서라고도 하며, 로터의 회전에 의해 압축하는 방식

(3) 왕복동식 : 피스톤의 왕복운동으로 행하는 압축 방식

(4) ([빵꾸3]   ) : 2개 이상의 스크루의 회전운동에 의해 압축하는 방식

> 메꿈　① 터보　② 고장　③ 스크루 압축기

2 왕복동식 압축기

외부에서 일을 공급받고 저압증기를 실린더 내에서 압축하여 고압으로 송출하는 용적식 기계이며 중고압, 소용량 용도에도 적용

(1) 압축기 압축일

$$W_t = V(P_1 - P_2) = \frac{k}{k-1} P_1 V_1 \left\{ 1 - \left(\frac{P_2}{P_1}\right)^{\frac{k-1}{k}} \right\}$$

(2) 왕복식 압축기 압축 과정과 P-V, T-s 선도

① 압축을 할 때는 등온, 단열, 폴리트로픽 압축 과정이 있고 다음 선도와 같으며, 크기는 등온 < 폴리트로픽 < 단열

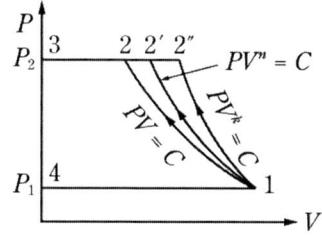
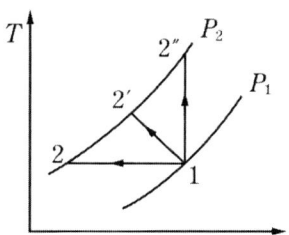

- 1 → 2 곡선 : 등온 압축
- 1 → 2′ 곡선 : 폴리트로픽 압축
- 1 → 2″ 곡선 : 단열 압축

② 간극 체적(V_c)이 없는 1단 압축 후의 온도(T_2), 방열량 q [kJ/kg]

㉠ 압축 후의 온도 T_2
- 등온 압축일 경우 : $T_1 = T_2 = T$
- 단열 압축일 경우 : ([빵꾸1]   )
- 폴리트로픽 압축일 경우 : $T_2 = T_1 \left(\frac{P_2}{P_1}\right)^{\frac{n-1}{n}}$

메꿈 ① $T_2 = T_1 \left(\frac{P_2}{P_1}\right)^{\frac{k-1}{k}}$

ⓛ 압축 시 방열량 q_{12} [kJ/kg]
- 등온 압축 시 방열량

  : $q_{12} = ART_1 \ln\left(\dfrac{V_1}{V_2}\right) = AP_1 V_1 \ln\left(\dfrac{P_2}{P_1}\right)$
- 단열 압축 시 방열량 : $q_{12} = 0$
- 폴리트로필 압축 시 방열량 : $q_{12} = C_n(T_2 - T_1)$

3 스크루압축기

(1) 서로 맞물려 돌아가는 암나사와 수나사의 나선형 로터가 일정한 방향으로 회전하면서 두 로터와 케이싱 속에 흡입된 냉매증기를 연속적으로 압축시키는 동시에 배출시킴

(2) 로터지지 베어링 및 스러스트 베어링, 스러스트 베어링을 보호하는 밸런스 피스톤, 메커니컬 실 등의 구조로 되어 있으며, 케이싱의 압축 측에 용량 제어용 슬라이드밸브가 내장되어 있고 냉매가스와 함께 송출되는 오일을 분리 회수시키는 오일 회수기와 분리된 기름을 냉각시키는 오일 냉각기, 윤활유펌프 등이 있음

(3) 장점
   ① 부품수가 적고 ([빵꾸1]   ) 김
   ② 진동이 없으므로 견고한 기초가 필요 없음
   ③ 소형이고 가벼움
   ④ 액압축 및 오일 해머링이 적음(NH₃ 자동운전에 적합)
   ⑤ 무단계 용량 제어(10 ~ 100 [%])가 가능하며 자동운전에 적합
   ⑥ 흡입 토출밸브와 피스톤이 없어 장시간의 ([빵꾸2]   )이 가능(흡입 토출밸브 대신 역류방지밸브 설치)

메꿈   ① 수명이   ② 연속운전

(4) 단점
    ① 오일펌프를 따로 설치
    ② 경부하 기동력이 큼
    ③ 압축기의 회전방향이 정회전이어야 함
    ④ 오일 회수기 및 유냉각기가 큼
    ⑤ 소음이 비교적 크고 설치 시에 정밀도가 요구됨
    ⑥ 정비 보수에 고도의 기술력이 요구됨

(5) 용량 제어 방법
    ① On · Off 제어
    ② ([빵꾸1]) : 회전수 변화에 대한 진동 등이 없으며 경제적

4 압축사이클

(1) 체적효율
    ① 압축비

$$a = \frac{P_2}{P_1} = \frac{토출\,절대압력}{흡입\,절대압력}$$

    ② 간극비(통극체적비)(클리어런스 관계)

$$\epsilon_v = \frac{V_c}{V_s}\,(V_c : 간극체적,\ V_s : 행정체적)$$

    ③ 체적효율 : 압축기의 체적효율은 간극비와 압축비의 함수
    ④ 체적효율에 미치는 영향
        ㉠ 압축비가 클수록 체적효율 감소
        ㉡ 회전수가 클수록 체적효율 감소
        ㉢ 실린더 체적이 작을수록 체적효율 감소

메꿈   ① 회전수 제어

㉣ 냉매 종류, 실린더 체적, 밸브 구조, 실린더 냉각 등에 의해 체적효율이 좌우됨
㉤ 클리어런스가 크면 체적효율 감소

$$\eta_v = \frac{G'}{G} = \frac{v}{v'} \times \frac{V'}{V}$$

G : 이론적 냉매 흡입량 [kg/h]
G' : 실제로 흡입하는 냉매량 [kg/h]
v : 실린더에 흡입 직전의 비체적 [m³/kg]
v' : 실린더에 흡입 후의 비체적 [m³/kg]
V : 피스톤 압출량 [m³/h]
V' : 실제 흡입되는 냉매가스량 [m³/h]

(2) 압축기 효율

① 압축효율

$$\eta_c(압축효율) = \frac{이론적으로 가스를 압축하는 데 소요되는 동력(이론동력)}{실제로 가스를 압축하는 데 소요되는 동력(지시동력)}$$

② 기계효율

$$\eta_m(기계효율) = \frac{실제로 가스를 압축하는 데 소요되는 동력(지시동력)}{압축기를 운전하는 데 필요한 동력(축동력)}$$

(3) 압축기 피스톤 압출량

① 왕복식 압축기

D : 실린더 지름 [m]
L : 행정 [m]
N : 회전수 [rpm]
Z : 기통수

> 메꿈 ① $V = \frac{\pi}{4} D^2 \times L \times N \times Z \times 60$ [m³/h]

02 응축기

1 증발식 응축기

(1) 특징
① 냉각수를 재사용하여 물의 ([빵꾸1]   )을 이용하므로 소비량이 적음
② 전열작용은 공랭식보다 양호하지만 타 수랭식보다 좋지 않음
③ 사용되는 응축기 중에서 응축압력(응축온도)이 제일 높음
④ 응축기 내부의 ([빵꾸2]   )가 크고 소비동력이 큼
⑤ 냉각탑을 사용하는 경우에 비해 설치비가 싸게 드나 고압 측의 냉매 배관이 길어짐

2 공랭식 응축기

(1) 특징
① 냉수 배관이 곤란하고 냉각수가 없는 곳에 사용
② 배관 및 배수설비가 불필요
③ 보통 2~3 HP 이하의 소형 냉동장치의 아황산, 염화메틸, 프레온 등에 사용
④ 공기의 전열작용이 불량하므로 응축온도와 압력이 높아 형상이 커짐

메꿈   ① 증발잠열   ② 압력강하

3 냉각탑

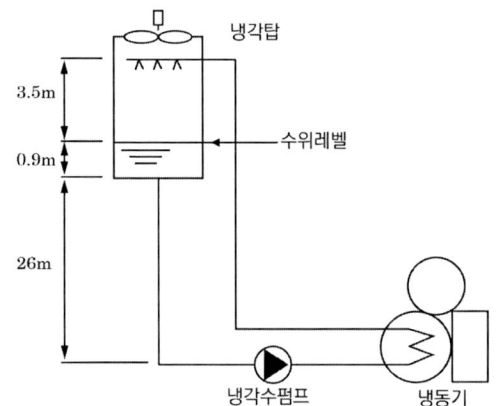

물을 공기와 접촉시켜 냉각하는 장치로 1 [kg]의 물이 증발하면 자체 순환수 열량을 약 2513 [kJ] 정도 흡수, 즉 물 순환량의 2 [%]를 증발시키면 자체 온도를 1 [℃] 내릴 수 있음

(1) ([빵꾸1]   ) : 냉각수 출구온도 - 대기 습구온도

(2) 쿨링 레인지 : ([빵꾸2]   ) 입구온도 - 출구온도

(3) 냉각톤 : 냉각탑의 입구수온 37 [℃], 출구수온 32 [℃], 대기 습구온도 27 [℃], 순환수량 13 [L/min]일 때 16330 [kJ/h]의 방열량

(4) 냉각탑의 종류
① 직교류형 냉각탑
㉠ ([빵꾸3]   )이 좋고 ([빵꾸4]   )이 적으며 운전 중량이 경량이다.
㉡ 축류 송풍기(Axial Fan) 사용으로 ([빵꾸5]   )이 적다.
㉢ 완제품 설치로 공사 최소이며 보수 점검 용이
㉣ 물의 비산의 방지 효과 우수

메꿈 ① 쿨링 어프로치 ② 냉각수 ③ 효율 ④ 설치면적 ⑤ 소음

4 불응축가스

응축기 상부에 고여 응축되지 않은 가스로서 주성분이 ([빵꾸1]) 또는
([빵꾸2])

(1) 발생원인
   ① 내부에서 발생하는 경우
      ㉠ 오일이 탄화할 때 생긴 가스
      ㉡ 진공 시험 시 완전진공을 하지 않았을 경우 장치 내에 남아 있던 공기
      ㉢ 냉매 및 오일의 순도가 불량할 때
   ② 외부에서 침입하는 경우
      ㉠ 냉동기를 진공 운전할 때
      ㉡ 오일 및 냉매 충전 시 부주의에 의한 침입

(2) 불응축가스가 냉동기에 미치는 영향
   ① ([빵꾸3]) 감소
   ② 응축압력 상승
   ③ ([빵꾸4]) 감소
   ④ 토출가스 온도 상승
   ⑤ ([빵꾸5]) 증대

5 응축기 방출열량 계산

(1) 응축부하 [kJ/h]
   냉매가스로부터 단위시간당 제거하는 열량

메꿈 ① 공기 ② 유증기 ③ 냉동능력 ④ 체적효율 ⑤ 소요동력

$$Q = G(i_b - i_e)$$
$$= G_w C_w (t_{w_2} - t_{w_1})$$
$$= Q_e + N$$
$$= KF \triangle t_m$$
$$= Q_e C \ [kJ/h]$$

G : 냉매순환량 [kg/h]
t_{w_1}, t_{w_2} : 냉각수 입구 출구 온도 [℃]
i_b : 응축기 입구 냉매 엔탈피 [kJ/kg]
i_e : 응축기 출구 냉매 엔탈피 [kJ/kg]
Q_e : 냉동능력 [kJ/h]
N : 압축일의 열당량 [kJ/h]
G_w : 냉각수 순환량 [kg/h]
K : 열통과율 [kJ/m²hK]
C_w : 비열(= 4.18 kJ/kg · K)
$\triangle t_m$: 냉매와 냉각수의 평균온도차 [℃]
F : 면적 [m²]
C : 방열계수(냉장과 냉방 : 1.2, 냉동 : 1.3)

03 팽창밸브

1 역할

(1) 고압 측과 저압 측 간에 소정의 압력차를 유지
(2) 냉동부하의 변동에 의해 증발기에 공급하는 냉매량 제어
(3) 밸브의 교축작용에 의해 온도 압력이 낮아지며, 이때 플래시가스 발생
(4) 증발기의 형식, 크기, 냉매의 종류, 사용조건에 따라 선택이 틀려짐
　　※ 냉매 공급이 부족하면 ([빵꾸1]　　　)이 됨
　　※ 냉매 공급이 지나치면 ([빵꾸2]　　　)이 됨

메꿈　① 과열 운전　② 액압축

2 종류

(1) 정압식 자동 팽창밸브
  ① 증발기 내의 냉매 증발압력을 항상 일정하게 유지
  ② 증발기 내 압력이 높아지면 벨로스가 밀어 올려져 밸브가 닫히고, 압력이 낮아지면 벨로스가 줄어들어 밸브가 열려져 냉매가 많이 들어옴
  ③ 냉동부하 변동이 심하지 않은 곳, 냉수 브라인의 동결 방지에 쓰임
  ④ 부하 변동에 민감하지 못한다는 단점이 있음

(2) 모세관
  ① 냉매 유량 조절을 위한 것이 아니고 응축기와 증발기 간의 ([빵꾸1])를 일정하게 유지
  ② 모세관 속의 압력강하는 안지름에 반비례
  ③ 모세관이 ([빵꾸2]) 압력강하가 커짐
  ④ 안지름이 작은 모세관 입구에는 ([빵꾸3])가 필요
  ⑤ 압축기 정지 시에 저압부 냉매량이 최대가 되고 정상적인 운전이 되면 최소가 되므로 냉매충전량을 가능한 한 약간 부족하게 충전
  ⑥ 고압 측에 액이 고이는 부분(수액기 등)을 설치하지 않는 것이 좋음
  ⑦ 전기냉장고, 윈도 쿨러, 소형 패키지에 많이 사용

(3) 온도식(감온·조온) 팽창밸브
  증발기 출구 냉매의 과열도를 일정하게 유지하게끔 냉매 유량을 조절하는 밸브
  ① 구조 및 작용
    ㉠ 벨로스와 다이어프램의 두 형이 있음
    ㉡ 두 형의 작동 원리가 같음
    ㉢ ([빵꾸4])에는 냉동장치의 냉매와 같은 것을 충전

메꿈 ① 압력비 ② 길어지면 ③ 필터 ④ 감온통

ⓔ 증발기 출구 냉매의 ([빵꾸1]   )가 증가하면 감온통 속의 냉매의 부피가 늘어나 다이어프램 상부 압력이 커지므로 밸브가 열려지게 됨
ⓜ 증발기 출구 냉매의 온도가 정상보다 저하하면 반대현상이 생김
ⓗ 증발기관에 압력강하가 작을 때는 내부균압형을, 압력강하가 클 때는 외부균압형을 사용

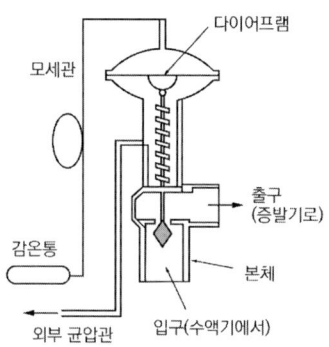

온도식 팽창밸브

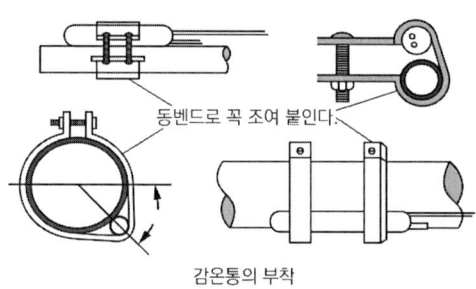

감온통의 부착

메꿈   ① 과열도

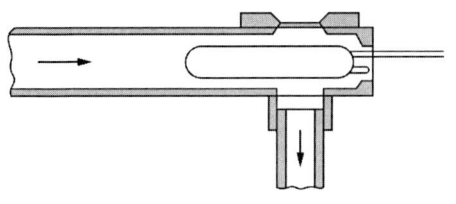

삽입식 감온통 설치

② ([빵꾸1]   )
  ㉠ 직접 팽창식 증발기에 사용
  ㉡ 각 관에 액을 분배하여 공급
  ㉢ 벤투리형, 압력강하형, 원심형 등의 3종이 있음
③ 파일럿밸브식 온도 자동 팽창밸브
  ㉠ 보통의 온도 자동 팽창밸브는 크기에 한도가 있어 대형에 부적당
  ㉡ 100 ~ 270 RT, R-12를 사용하는 냉동장치에는 파일럿밸브식 팽창밸브가 잘 사용되며, 이는 주팽창밸브와 파일럿으로서 사용되는 소형 온도 자동 팽창밸브로 구성
  ㉢ 파일럿은 증발기에서 나오는 냉매 과열도에 의해 작동하고 이 작동에 의해 주 팽창밸브가 열림
  ㉣ 대용량에 사용되며, 만액식에는 사용 불가능

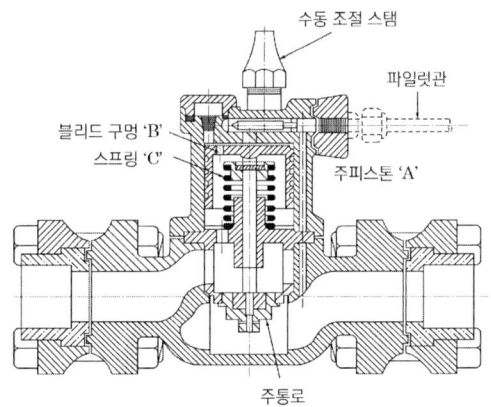

메꿈 ① 액 분류기

3 플래시가스

([빵꾸1])란 일반적으로 증발기가 아닌 곳에서 증발한 냉매가스를 말하며, 이러한 가스가 많이 발생하면 실제 증발기로 공급되는 액량이 적어 손실이 많음. 특히, 팽창밸브에서 팽창할 때 압력강하에 의해 많이 발생

(1) 발생원인
    ① ([빵꾸2])이 있는 경우
        ㉠ 액관이 현저하게 수직 상승된 경우
        ㉡ 각종 밸브의 사이즈가 현저하게 작은 경우
        ㉢ 액관이 현저하게 지름이 가늘고 긴 경우
        ㉣ 여과기가 막힌 경우
    ② 주위온도에 의해 ([빵꾸3])될 경우
        ㉠ 수액기에 광선이 비쳤을 경우
        ㉡ 액관이 보온되지 않았을 경우
        ㉢ 너무 저온으로 응축되었을 경우

(2) 대책
    ① 열교환기를 설치하여 액냉매액을 과냉각시킴
    ② 액관을 보온
    ③ 액관의 압력손실을 작게 해줌

메꿈   ① 플래시가스   ② 압력손실   ③ 가열

04 증발기

1 액냉매 공급에 따른 종류

(1) 건식 증발기
 ① 냉매량이 적게 소비되나 ([빵꾸1]   )이 나쁨
 ② 냉장식에 주로 사용하며, 냉각관에 핀을 붙여 공기냉각용에 주로 사용
 ③ 오일이 압축기에 쉽게 회수
 ④ 증발기 출구에 적당한 냉매의 과열도가 있게 조정되므로 액분리기의 필요성이 적음
 ⑤ 암모니아용은 아래로부터 공급되지만 프레온은 유의 체류를 꺼려 위에서부터 공급

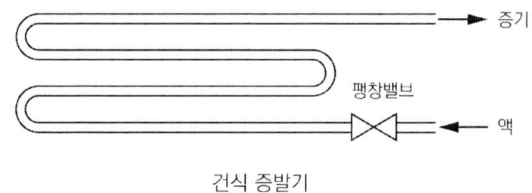

건식 증발기

(2) 만액식 증발기
 ① 증발기에 들어가기 전에 역지밸브를 설치하여 가스의 역류를 방지
 ② 증발기 내의 대부분은 항상 일정량의 액으로 충만하게 하여 전열작용을 양호하게 한 것
 ③ 액냉매가 압축기로 흡입될 우려가 있으므로 ([빵꾸2]   )를 설치하여 가스만 압축기로 공급하고 액은 증발기에 재사용
 ④ 증발기에 윤활유가 체류할 우려가 있기 때문에 프레온 냉동장치에서 ([빵꾸3]   )를 회수시키는 장치가 필수적임

메꿈 ① 전열작용 ② 액분리기 ③ 윤활유

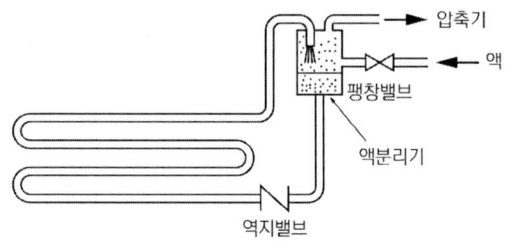

만액식 증발기

(3) 액순환식 증발기
  ① 건식 증발기와 비교하면 전열이 20 [%] 이상 양호
  ② 냉각관 출구에서는 대체로 중량 80 [%]의 액이 있음
  ③ 타 증발기에서 증발하는 액화 냉매량의 4 ~ 6배의 액을 펌프를 통해 강제로 냉각관을 흐르게 하는 방법
  ④ 저압수액기의 액면과 펌프와의 사이에 1 ~ 2 [m]의 낙차를 둠
  ⑤ 한 개의 팽창밸브로 여러 대의 증발기를 사용할 수 있음
  ⑥ 구조가 복잡하고 시설비가 많이 드는 결점이 있음

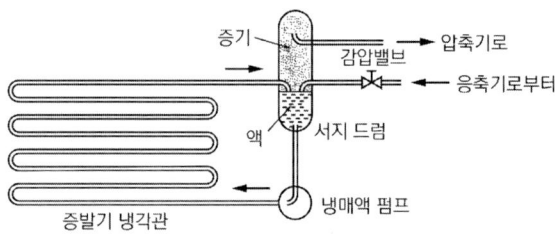

액순환식 증발기

05 부속기기

1 액냉매 공급에 따른 종류

(1) 수액기

① 응축기와 팽창밸브 사이의 고압액관에 설치하며, 응축기에서 액화한 냉매를 바로 흘러내리게 하기 위해 균압관을 응축기 상부와 수액기 상부에 설치

② 장치를 순환하는 ([빵꾸1]   )으로 증발기의 부하변동에 대응하여 냉매 공급을 원활하게 하며, 냉동기 정지 시 냉매를 회수하여 안전한 운전을 하게 함

③ 소량의 프레온 냉동장치에서 응축기를 수액기 겸용으로 사용

④ 냉동장치를 수리하거나, 장기간 정지시키는 경우 장치 내의
([빵꾸2]   )

(2) 유분리기

① 토출되는 고압가스 중에 미립자의 윤활유가 혼입되면 윤활유를 냉매증기로부터 분리시켜 응축기와 증발기에서 ([빵꾸3]   )을 형성하여 ([빵꾸4]   )이 방해되는 것을 방지하는 역할

② 유분리기 속에서 유동속도가 급격히 감소하므로 일종의 소음방지기 역할도 함

③ 왕복동식 압축기의 경우 순환냉매의 맥동을 감소시키기도 함

④ 설치 위치 : 압축기와 응축기 사이의 토출 배관 중에 설치하며, NH_3 장치는 응축기 가까이에 설치하고, Freon 장치는 압축기 가까이에 설치

(3) 액 분리기

① 증발기와 압축기 사이의 흡입배관 중 증발기보다 높은 위치에 설치하는데, 증발기 출구관을 증발기 최상부보다 150 [mm] 입상시켜서 설치하는 경우도 있음

메꿈 ① 냉매액의 일시 저장 ② 냉매를 회수 ③ 유막 ④ 전열

② 흡입가스 중의 액립을 분리하여 증기만 압축기에 흡입시켜서
  ([빵꾸1]   )으로부터의 위험을 방지
③ 액 분리기의 구조와 작동원리는 유 분리기와 비슷하며, 흡입가스를 용기에 도입하여 유속을 1 [m/s] 이하로 낮추어 액을 중력에 의해 분리
④ 냉동부하 변동이 격심한 장치에 설치

(4) 여과기
  ① 팽창밸브와 전자밸브 및 압축기 흡입 측에 설치
  ② 윤활유용 여과기는 오일 속에 포함된 이물질을 제거하는 것

(5) 제상장치
  ① ([빵꾸2]   ) : 압축기에서 토출되는 과열증기를 증발기로 공급하여 현열 또는 잠열로 제상
    ㉠ 현열제상 : 토출되는 고압가스를 소공(교축현상이 일어남)으로 감압시켜 증발기에서 현열제상하고 압축기로 회수
    ㉡ 잠열제상 : 대형 냉동장치에서 고압가스를 증발기에서 제상하면서 액화됨(액화된 냉매를 유출시키는 장치가 필요)
    ㉢ 고압가스 인출 위치 : 토출배관에서 유분리기와 응축기 사이 배관 상부로 인출(대형장치에서는 주로 균압관에서 인출함)
  ② ([빵꾸3]   ) : 증발기 코일의 아래에 밀폐된 전열선을 설치하거나 전면에 전열기를 설치하여 제상하는 방법. 장치는 매우 간단하지만 ([빵꾸4]   )이 있어 제상시간이 고압가스 제상보다 길어짐
  ③ 살수 제상 : 증발기의 표면에 온수나 브라인을 위로부터 뿌려 물이나 브라인의 감열을 이용해 제상하는 방법.
  ④ 냉동기의 정지에 의한 제상 : 냉장고 내의 온도가 10 [℃] 이상인 경우에는 냉동기를 정지시키면 자연히 서리가 녹으므로 제상이 됨

메꿈   ① 액압축 ② 고압가스 제상 ③ 전열식 제상 ④ 전열량에 제한

06 제어기기

1 액냉매 공급에 따른 종류

(1) 냉매 유량 제어
  ① 증발압력 조정밸브 : 증발압력이 일정 압력 이하가 되는 것을 방지하고 흡입관 증발기 출구에 설치하며, 밸브 입구 압력에 의해 작동되고 압력이 높으면 열리고 낮으면 닫힘(냉각기 동파 방지)
  ② 흡입압력 조정밸브 : 흡입압력이 일정 압력 이상이 되는 것을 방지하고 흡입관 압축기 입구에 설치하며, 밸브 출구 압력에 의해 작동되고 압력이 높으면 닫히고 낮으면 열림(전동기 과부하 방지)

(2) 압력 제어
  ① 고저압 스위치
    ㉠ 고압 스위치와 저압 스위치를 ([빵꾸1]   )에 모아 조립한 것
    ㉡ 듀얼 스위치라고도 함
  ② 저압 스위치
    ㉠ 냉동기 저압 측 압력이 저하했을 때 압축기 정지
    ㉡ 압축기를 직접 보호
  ③ 고압 스위치
    ㉠ 냉동기 고압 측 압력이 이상적으로 높으면 압축기를 정지시킴
    ㉡ ([빵꾸2]   )라고도 함
    ㉢ 작동압력은 정상고압 + 0.3 ~ 0.4 [MPa]
  ④ 유압 보호 스위치
    ㉠ 윤활유 압력이 일정 압력 이하가 되었을 경우 압축기를 정지
    ㉡ 재 기동 시 리셋 버튼을 눌러야 함
    ㉢ 조작회로를 제어하는 접점이 차압으로 동작하는 회로와 별도로 있어서 일정 시간이 지난 다음에 동작되는 타이머 기능을 갖음

> 메꿈 ① 한 곳 ② 고압 차단장치

(3) 안전장치
　① 안전밸브
　　㉠ 기밀 시험압력 이하 이상압력에서 작동
　② 파열판
　　㉠ 주로 터보 냉동기에 사용함으로써 화재 시 장치의 파괴를 방지
　　㉡ 얇은 금속으로 용기의 구멍을 막는 구조로 되어 있음
　③ 가용전
　　㉠ 토출가스의 영향을 받지 않는 곳으로서 안전밸브 대신 응축기, (^[빵꾸1]　　)의 안전장치로 사용 및 (^[빵꾸2]　　) 안전변으로 사용(Pb, Sn, Bi, Sb, Cd 등의 합금)

(4) 각종 제어장치
　① 전자밸브
　　㉠ 냉매 배관 중에 냉매 흐름을 자동적으로 개폐하는 데 사용
　② 온도 조절기 : 냉장실, 브라인, 냉수 등의 온도를 일정하게 유지하기 위해 서모스탯을 사용

메꿈　① 수액기　② 산소용기

Chapter 03 냉동장치의 응용과 안전관리

01 흡수식 냉동장치

1 흡수식 냉동장치 종류

(1) 1중 효용 흡수식 냉동장치
  ① 증기식 1중 효용 냉동장치
  ② 온수식 1중 효용 냉동장치

(2) 2중 효용 흡수식 냉동장치
  고온 발생기(재생기)와 저온 발생기(재생기), 즉 두 개의 재생기를 둠

2 흡수식 냉동장치 구조

(1) 구성

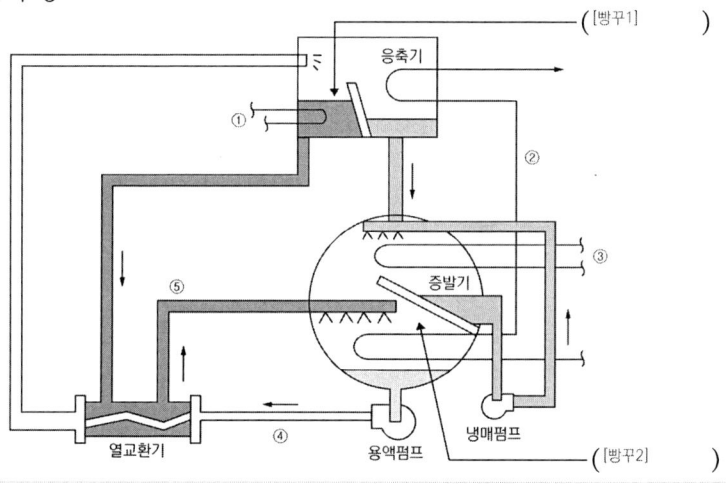

메꿈   ① 재생기   ② 흡수기

(2) 흡수식 냉동기 운용

① 운전 순환과정 : 증발 → 흡수 → 발생 → 응축 → 증발로
② 특징
  ㉠ 장점 : ([빵꾸1]   )이 적다, ([빵꾸2]   )이 적다.
  ㉡ 단점 : ([빵꾸3]   )가 필요하다.
※ 흡수식 냉동장치 구조

유체명	설명
① 증기	재생기에서 가열원으로 이용되는 열매로서 증기나 고온수를 사용한다.
② 냉각수	응축기와 흡수기를 냉각시켜주는 냉각수이다.
③ 냉수	증발기의 증발잠열을 이용하여 냉수를 얻는다.
④ 혼합용액	증발기에서 증발한 냉매를 흡수액이 흡수하여 혼합된 묽은 용액(희석용액)상태로 열교환기를 거쳐 재생기로 공급된다.
⑤ 흡수용액	재생기에서 냉매를 증발시킨 진한 흡수용액(농축용액)으로 고온상태이므로 저온의 희석용액과 열교환하여 흡수기로 공급된다.

02 축열장치

1 빙축열 시스템의 장·단점

(1) 장점
  ① 공조 부하변동에 상관없이 열원기기의 ([빵꾸4]   ) 운전이 가능
  ② 공조부하가 어느 정도 증가할 경우에도 열원의 증설 없이 대응이 가능
  ③ ([빵꾸5]   )의 적용으로 운전 경비 절감

메꿈 ① 소비전력 ② 소음 ③ 보일러 ④ 효율적인 ⑤ 심야전력요금

④ 난방용으로 별도 보일러를 설치하므로 난방시스템 선택의 융통성이 크며, 특히 고층빌딩에 유리
⑤ 지역 냉방을 위한 저온송수 방식, 저온 급기 방식 등과 같은 2차 측 시스템의 적용이 가능
⑥ 열원기기의 고장 시에도 축열부분만큼의 냉방운전이 가능함

(2) 단점
   ① 초기 투자비가 ([빵꾸1]   )(빙축열조, 자동제어 공사비 등)
   ② 축열조에 의한 에너지 손실이 발생
   ③ CFC 대체 냉매에 대한 고려가 필요함
   ④ 축열조, 별도 난방 열원기기 등의 설치공간이 증가함
   ⑤ 건물 특성에 맞는 시스템, 용량 및 운전 패턴 등의 선정에 주의를 요함
   ⑥ 설계, 시공, 관리 등에 주의를 요함

메꿈 ① 고가

모아바 www.moa-ba.com
모아소방전기학원 www.moate.co.kr

공·조·냉·동·기·계·산·업·기·사

Part 03

공조냉동 설치·운영

Chapter 01 배관 및 안전관리

1 관의 종류와 용도

(1) 스케줄 번호(SCH)

$$SCH = 10 \times \frac{P}{S}$$

(2) 강관의 종류와 용도

① 배관용 탄소강관 : SPP
② 압력 배관용 탄소강관 : SPPS
③ 고압 배관용 탄소강관 : ([빵꾸1]   )
④ 고온 배관용 탄소강관 : ([빵꾸2]   )
⑤ 배관용 합금강관 : SPA
⑥ 저온 배관용 탄소강관 : SPLT
⑦ 수도용 아연도금 강관 : SPPW
⑧ 배관용 아크용접 탄소강 강관 : SPW
⑨ 배관용 스테인리스강 강관 : STS×TP
⑩ 보일러 열교환기용 탄소강 강관 : STH
⑪ 수도용 도복장 강관 : STPW
⑫ 보일러 열교환기용 합금 강관 : STHA
⑬ 저온 열교환기용 강관 : STLT
⑭ 일반 구조용 탄소강 강관 : SPS
⑮ 기계 구조용 탄소강 강관 : STM
⑯ 구조용 합금 강관 : STA

메꿈 ① SPPH ② SPHT

2 배관이음 종류

(1) 강관이음 : 나사이음, 용접이음, 플랜지이음

(2) 주철관이음 : 소켓접합, 플랜지접합, 메커니컬 조인트, 빅토리접합, 타이튼접합

(3) 동관이음 : 납땜접합, 압축접합, 용접접합, 플랜지이음

(4) 연관이음 : 플라스턴접합, 살붙이납땜접합

(5) 염화비닐관이음 : 냉간접합, 열간접합, 기계적 접합, 플랜지접합, 테이프코어접합, 테이퍼조인트접합

(6) 폴리에틸렌관이음 : 용착슬리브접합, 인서트접합, 테이퍼접합

(7) 석면시멘트관이음 : 기볼트접합, 칼라접합, 심플렉스이음

3 밸브

(1) ([빵꾸1]   ) : 구조상 퇴적물이 체류하지 않으며, 유체의 차단을 주목적으로 일반 배관용으로 가장 많이 사용

(2) 글로브밸브 : 구조상 유량조절용으로 사용되는 밸브

(3) ([빵꾸2]   ) : 스톱밸브라고도 하며 출입 유체의 방향이 90°가 되는 밸브

(4) 콕 : 원뿔형 콕을 90° 회전시켜 유체의 흐름을 차단하고 유량을 정지시킨다. 각도가 0 ~ 90° 사이의 각도만큼 회전사면서 유량을 조절하며 가장 신속히 개폐가능

(5) 체크밸브 : 유체를 한 방향으로 유동시키고 보일러 급수배관에서 급수의 ([빵꾸3]   )를 방지하기 위한 밸브

(6) 감압밸브 : 저압 측의 압력을 일정하게 유지시켜주는 밸브

메꿈   ① 게이트밸브 ② 앵글밸브 ③ 역류

(7) ([빵꾸1]) : 나비형 밸브로 원통형의 몸체 속에서 밸브스템을 축으로 하여 원관이 회전함으로써 개폐를 행하는 밸브

(8) 슬루스밸브 : 게이트밸브라고도 하며 유체의 흐름을 단속하는 밸브로서 배관용으로 많이 사용

(9) 구멍이 뚫리고 활동하는 공 모양의 몸체가 있는 밸브로 비교적 소형이며, 핸들을 90°로 움직여 개폐하므로 개폐시간이 짧아 가스배관에 많이 사용

(10) 다이어프램밸브 : 산 등의 화학약품을 차단하는 경우에 내약품, 내열고무제의 다이어프램을 밸브시트에 밀착시키는 것으로 유체 흐름에 대한 저항이 작아 기밀용으로 사용

4 트랩

(1) 증기트랩
증기계통이나 증기관 방열기 등에서 고인 응축수(드레인)를 연속 응축수 탱크로 배출시키는 기구
① ([빵꾸2])트랩 : 플로트식, 버킷식
② 온도조절트랩 : 바이메탈식, 벨로우즈식
③ ([빵꾸3])트랩 : 오리피스식, 디스크식

(2) 관트랩
① P 및 S트랩 : 세면기나 대소변기 위생도기용
② U(메인)트랩 : 옥내 배수 수평주관에 설치하고 가스의 역류 방지

(3) 상자트랩
① 그리스트랩
② 가솔린트랩
③ 벨트랩
④ 드럼트랩

메꿈 ① 버터플라이밸브 ② 기계적 ③ 열역학적

5 트랩 구비조건

(1) 구조가 간단할 것

(2) 내식성이 클 것

(3) 트랩 자신이 세정작용을 할 수 있을 것

(4) 봉수가 유실되지 않는 구조일 것

6 스트레이너

배관 속 먼지, 흙, 모래 등을 제거하기 위한 부속품으로 수량계, 펌프 등을 보호

(1) Y형, U형, V형이 있음

(2) 중요한 기기의 앞쪽에 장착

(3) 유체흐름의 방향에 따라 장착

7 서포트

관을 밑에서 지지하는 것

(1) 리지드 서포트 : 수직방향 변위가 없는 곳에 사용

(2) 스프링 서포트 : 스프링에 의해 관의 하중에 따라 상하 이동을 허용하는 지지 장치

(3) 파이프 슈 : 관에 직접 접속하여 지지하는 장치

(4) 롤러 서포트 : 관의 축방향 이동을 자유롭게 하기 위해 롤러를 이용해 지지하는 장치

8 행거

관을 천장에 걸어 지지하게 하는 장치

(1) 리지드 행거 : 상하방향 변위가 없는 곳에 사용

(2) 스프링 행거 : 턴 버클 대신 스프링을 사용한 것으로 충격, 진동 등을 흡수

(3) 콘스탄트 행거 : 배관의 상하 이동을 어느 정도 허용하는 구조로 만들어 관의 지지력을 일정하게 한 것으로 중추식과 스프링식이 있다.

9 리스트레인트

열팽창 및 중력에 의한 힘 이외의 외력에 의한 배선이동을 제한하는 장치

(1) 앵커 : 관의 이동 및 회전을 방지하기 위해 지지점에 완전히 고정하는 장치로 진동이 심한 곳에 사용

(2) 스톱 : 배관의 일정한 방향과 회전만 구속하고 다른 방향안 자유롭게 이동하는 장치

(3) 가이드 : 배관의 축방향 이동을 안내하고 직각 방향 운동을 구속하는 데 사용

10 브레이스

펌프, 압축기 등에서 발생하는 진동, 서징, 수격작용, 지진 등에 의한 진동, 충격 등을 완화하는 완충기(방진기)가 있음

(1) 스프링식 : 온도가 높지 않은 배관에 사용

(2) 유압식 : 규모가 대형인 배관에 사용

11 보온 및 단열재

(1) 유기질 보온재
   코르크, 기포성 수지, 펠트, 텍스류

(2) 무기질 보온재
   석면, 암면, 규조토, 탄산마그네슘, 유리섬유, 슬래그 섬유, 보온 시멘트, 규산칼슘

12 강관 공작용 공구

(1) 파이프 바이스 : 관의 절단과 나사절삭 및 조합 시 관을 고정시키는 데 사용

(2) 파이프 커터 : 관을 절단할 때 사용

(3) 파이프 리머 : 관 절단 후 생긴 거스러미 제거

(4) 파이프 렌치 : 파이프 또는 이음쇠의 나사이음 분해 조립 시, 파이프 등을 회전

(5) 나사 절삭기 : 수동으로 나사를 절삭할 때 사용

13 주철관용 공구

(1) 납 용해용 공구세트 : 파이어 포트, 납국용 국자, 산화납 제거기 등

(2) 클립 : 소켓접합 시 용해된 납물의 비산 방지

(3) 링크형 파이프 커터 : 주철관 절단 전용 공구

(4) 고킹 정 : 소켓접합 시 다지기를 할 때 사용하는공구

14 동관용 공구

(1) 사이징 툴 : 동관의 끝 부분을 진원으로 정형하는 공구

(2) 플레어링 툴 : 동관의 끝을 나팔형으로 만들어 압축이음 시 사용하는 공구

(3) 굴관기 : 동관의 전용 굽힘 공구

(4) 확관기 : 동관 끝의 확관용 공구(익스팬더)

(5) 파이프 커터 : 동관의 전용 절단 공구

(6) 티뽑기 : 직관에서 분기관 성형 시 사용하는 공구

(7) 리머 : 파이프 절단 후 파이프 가장자리 거스러미 등을 제거

15 연관용 공구

(1) 봄볼 : 연관을 뽑아서 구멍을 뚫을 때

(2) 드레서 : 연관표면의 산화물 제거

(3) 턴핀 : 연관 끝을 넓힐 때

(4) 벤드밴 : 연관에 끼워 관을 굽히거나 펼 때

(5) 맬릿 : 나무해머

16 관의 접합

(1) 강관접합 : 나사접합, 용접접합, 플랜지접합

(2) 동관접합 : 플레어접합, 납땜접합, 용접접합, 플랜지접합

(3) 주철관접합 : 소켓접합, 기계적 접합, 플랜지접합

(4) 연관의 접합 : 플라스턴 접합, 살붙임납땜접합

(5) 염화비닐관접합 : 냉간접합법, 열간접합법, 기계적 접합법

(6) 폴리에틸렌접합 : 융착슬리브접합, 테이퍼조인트접합, 인서트조인트접합

17 관이음

(1) 나사 접합

① 관의 방향을 바꿀 때 : 엘보, 벤드 사용

② 배관을 분기할 때 : 티, 와이, 크로스 사용

③ 동경의 관을 직선 연결할 때 : 소켓, 유니언, 플랜지 니플 사용

④ 이경관을 연결할 때 : 이경엘보, 이경소켓, 이경티, 부싱 사용

⑤ 관의 끝을 막을 때 : 캡, 플러그 사용

⑥ 관의 분해 수리 교체가 필요할 때 : 유니언, 플랜지 사용

(2) 용접 접합
 ① 방법 : 가스 용접, 전기 용접
 ② 종류 : 맞대기 이음, 슬리브 이음, 플랜지 용접 이음
 ③ 누수가 없고 관지름의 변화가 없음
 ④ 장점
  • 유체의 저항 손실이 적음
  • 보온 피복 시공이 용이
  • 중량이 가벼움
  • 접합부의 강도가 강하며 누수의 염려도 없음
  • 시설유지 보수비가 절감

(3) 플랜지 접합
 ① 압력이 높은 경우
 ② 분해할 필요성이 있는 경우
 ③ 관지름이 큰 경우
 ④ 밸브, 펌프, 열교환기, 압축기 등의 각종 기기 접속 시
 ⑤ 부착 방법 : 용접식, 나사식

(4) 벤딩
 ① 곡률 반지름 : 관지름의 3 ~ 6배 이상으로 하며, 6 이상 시에는 마찰 저항이 적음
 ② 벤딩 산출길이
$$L = l_1 + l_2 + l \quad (l = \pi D \frac{\theta}{360°} = 2\pi R \frac{\theta}{360°})$$
 ③ 직선길이 산출
$$L = l + 2(A+a),\ l = L - 2(A-a),\ l' = L - (A-a)$$
 ④ 빗변길이 산출
$$L = \sqrt{l_1^2 + l_2^2}$$

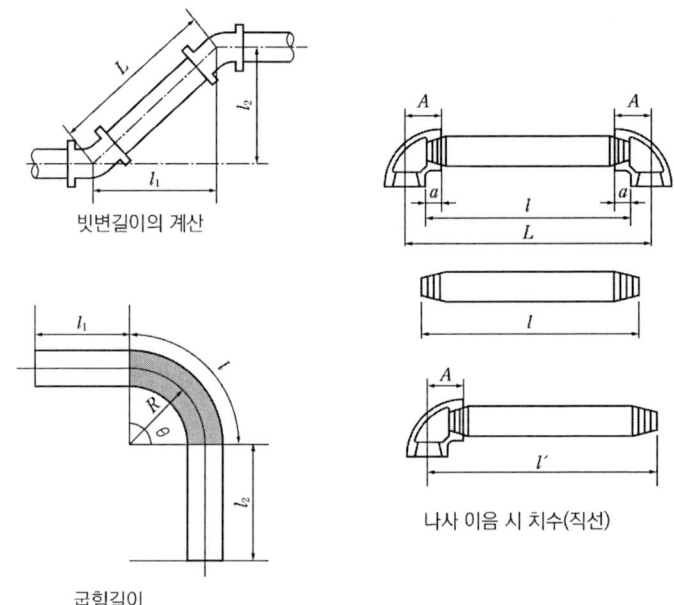

빗변길이의 계산

나사 이음 시 치수(직선)

급힘길이

18 신축이음

신축이음은 열응력에 의한 신축팽창을 흡수하기 위해 설치한다.

(1) ([빵꾸1]   )(미끄럼형) : 압력이 5 [kg/cm²], 10 [kg/cm²] 용의 두 개가 있으며 저압증기 및 온수배관의 신축이음에 적합하다.

(2) ([빵꾸2]   )(주름통식) : 온도에 따라 일어나는 관의 신축이음쇠를 벨로즈의 변형에 의해 흡수시키는 형식으로 증기관에 널리 사용되며 응력흡수가 용이한 이음방식이다.

(3) ([빵꾸3]   ) : 2개 이상의 엘보를 사용하여 나사의 회전에 의해 신축이 흡수되며 저압의 증기 및 온수난방에 사용된다.

(4) ([빵꾸4]   ) : 신축곡관이라고도 하며 그 휨에 의해 배관의 신축을 흡수하는 형식으로 주로 고압증기 옥외배관에 많이 사용된다. 설치장소를 많이 차지한다는 단점이 있다.

> 메꿈   ① 슬리브형이음 ② 벨로스형이음 ③ 스위블형이음 ④ 루프형이음

19 금수배관

(1) 배관의 구배 : ([빵꾸1]   )끝올림 구배(단, 옥상 탱크식에서 수평주관은 내림 구배, 각 층의 수평지관은 올림 구배)

(2) 수격작용 : 세정밸브나 급속개폐식 수전 사용 시 유속의 불규칙한 변화로 유속을 [m/s]로 표시한 값의 14배 이상의 압력과 소음을 동반하는 현상

(3) 급수관이 매설 깊이
   ① 보통 평지 : 450 [mm] 이상
   ② 차량 통로 : 750 [mm] 이상
   ③ 중차량 통로, 냉한 지대 : 1 [m] 이상

20 실내 청소구

(1) 크기는 배관의 지름과 같게 할 것

(2) 관경이 100 [mm] 이상 : 30 [m]마다 1개소씩 설치

(3) 관경이 100 [mm] 미만 : 15 [m]마다 1개소씩 설치

21 배관 구배

(1) 중력 순환식 : ([빵꾸2]   )

(2) 강제 순환식 : ([빵꾸3]   )

(3) 상향 공급식 : 급탕관을 끝올림 구배, 복귀관을 끝내림 구배

(4) 하향 공급식 : 급탕관, 복귀관 모두 끝내림 구배

※ 공기조화기에 설치된 공기 냉각코일 내에 흐르는 냉수의 적정 유속 : ([빵꾸4]   )

※ 급수 본관 관내의 유속 : ([빵꾸5]   )

메꿈 ① 1/250 ② 1/150 ③ 1/200 ④ 1 [m/s] ⑤ 1~2 [m/s]

※ 중앙난방 분류
- 직접난방 : 증기난방, 온수난방
- 간접난방 : 공기조화설비
- 방사난방 : 복사난방

22 온수난방법

온수를 방열기, 대류방열기 등에 의해 순환시켜서 방열하여 난방하는 방식

(1) 고온수식(밀폐식) : 밀폐식 팽창탱크를 설치하며 방열기와 배관의 치수가 작아지며 주철제 방열기 사용 불가(온수온도 100 ~ 150 [℃])

(2) 전온수식(개방식) : 개방형 팽창탱크를 설치하며 온수온도는 100 [℃] 이하로 제한

(3) 온수난방 장점
  ① 난방부하 변동에 따라 온도조절 가능
  ② 보일러 취급이 용이하고 소규모 주택에 적당
  ③ 방열기 표면온도가 낮아서 화상의 염려가 없고 실내의 쾌감도 높다.
  ④ 증기난방에 비해 배관이 동결될 우려가 없다.
  ⑤ 연료비가 비교적 적게 든다.

(4) 온수 순환방법에 의한 분류
  ① 중력순환식 온수난방
    - 온수 온도가 저하되면 무거워지는 것을 이용하여 자연적으로 순환(밀도차 이용)
    - 보일러 설치는 최하위 방열기보다 낮은 곳에 설치
  ② 강제순환식 온수난방
    - 순환펌프 등에 의해 온수를 강제 순환시키는 방법으로 대규모 난방용

23 증기난방법

증기를 열원으로 하는 난방방식으로 라디에이터, 컨벡터 등의 방열기가 사용됨

(1) 난방방법에 따른 분류
    ① 개별난방 : 단독주택, 일반가정용 단독난방
    ② 중앙난방 : 2개 이상의 난방형식으로 증기, 온수, 열풍 등의 열매체를 통해 난방하는 대규모 난방방식

(2) 배관방식에 따른 분류
    ① 단관식
        • 증기와 응축수를 동일 관 속에 흐르게 하는 방식
        • 구배를 잘못하면 수격작용 발생
        • 소규모 난방에 이용
        • 방열기밸브는 하부태핑, 공기빼기 밸브는 상부태핑에 설치
    ② 복관식
        • 증기관과 응축수관을 별도로 설치하는 방식
        • 방열기밸브는 상하 어느 쪽에 설치해도 무관
        • 열동식 트랩일 경우 하부태핑에 설치

(3) 증기공급방식에 따른 분류
    ① 상향순환식 : 수평주관을 보일러 바로 위에 설치하고 여기에 수직관 또는 분기관을 연결하여 위층의 방열기에 증기를 공급하는 방식
    ② 하향순환식 : 증기수평주관을 가장 높은 층의 천장에 배관하고 이 수평주관에서 방열기에 공급하는 방식

(4) 응축수 환수방식에 따른 분류
    ① 중력환수식 : 응축수를 중력에 의해 환수하는 방식
    ② ([빵꾸1]   ) : 방열기에서 응축수 탱크까지는 중력환수, 탱크에서 보일러까지는 펌프를 이용한 강제순환방식

메꿈   ① 기계환수식

③ 진공환수식 : 방열기의 설치장소에 제한을 받지 않는 환수방식으로 증기와 응축수를 진공펌프로 흡입 순환시키는 방식
- 중력, 기계 환수보다 순환속도가 빠르다.
- 구배(기울기)에 구애를 받지 않는다.
- 환수관의 관지름을 작게 할 수 있다.
- 방열량을 광범위하게 조절할 수 있다.
- 버큠브레이커를 사용하여 진공을 일정하게 유지해야 한다.

(5) 환수관 배관방식에 따른 분류
① ([빵꾸1]   ) : 환수관이 보일러 수면보다 높게 설치되어 환수되는 방식
- 환수관은 보일러 표준수위보다 650 [mm] 정도 높은 위치에 배관
- 관말에 냉각레그(냉각관)와 열통식트랩(관말트랩)을 사용하여 증기의 환수로 인한 수격작용을 방지

② ([빵꾸2]   ) : 환수관이 보일러 수면보다 낮게 설치되어 환수되는 방식
- 하트포드 접속법 : 저압증기난방의 습식환수방식
- 접속부 누수로 인한 이상감수 현상을 방지하기 위해 하트포드 접속을 해야 한다.

24 복사난방법

벽 속에 ([빵꾸3]   )을 묻어서 그 코일 내에 온수를 보내어 그 복사열로 난방하는 것

(1) 복사난방 장점
① 실내온도가 균일하여 ([빵꾸4]   )가 높다.
② 공기의 대류가 적어서 공기 오염도가 적다.
③ 평균온도가 낮아서 열손실이 적다.

메꿈   ① 건식환수   ② 습식환수   ③ 가열코일   ④ 쾌감도

④ 방열기 설치가 불필요하여 바닥면 이용도가 높다.
⑤ 천장이 높은 집에 난방이 적당하다.
⑥ 동일 방열량에 대해 열손실이 대체로 적다.

(2) 복사난방 단점
① 단열재 시공이 필요
② 배관을 벽 속에 매설하기 때문에 시공이 어렵다.
③ 외기 온도변화에 따른 조작이 어렵다.
④ 고장 시 발견이 어렵고 벽 표면이나 시멘모르타르 부분에 균열이 발생한다.

25 지역난방

(1) 지역난방

1개소 또는 수 개소의 보일러실에서 어떤 지역 내 건물에 증기 또는 온수를 공급하는 난방방식으로, 공장이나 병원 또는 학교, 집단, 주택 등의 난방에서 시가지 전 지역에 걸쳐 난방 하는 것

(2) 지역난방 장점
① 인건비가 경감
② 각 건물의 난방운전이 합리적
③ 매연이 감소
④ 각 건물에 보일러실 연돌이 필요 없으므로 건물 유효면적이 증대된다.
⑤ 각 개의 건물에 보일러를 설치하는 경우에 비해 대규모 설비로 되어 관리도 완전히 할 수 있어 열효율이 좋고 연료비가 절감

(3) 지역난방 열매체 사용 특징
① 증기사용
  - 증기트랩의 고장
  - 각종 기기의 보수 관리에 노력이 많이 든다.
  - 응축수펌프가 필요

② 온수사용
- 연료의 절약이 가능
- 외기 온도변화에 따라 온수의 온도가 가감
- 지형의 고저가 있어도 온수순환펌프에 의해 순환이 가능
- 열용량이 커서 연속운전이 아니면 시동 시 예열부하 손실이 크다.
- 난방부하에 따라 보일러 가동이 가감

③ 고온수난방의 문제점
- 높은 건물에 공급이 곤란
- 예열시간이 ([빵꾸1]   ) 연료 소비량이 큼
- 순환펌프의 용량이 커짐
- 유황분이 많은 저질유 사용 시 저온 부식의 위험이 있음

26 배관일반

증기관과 환수관의 수평주관에 있어서는 증기와 응축수가 원활히 흐르도록 적절한 구배로 배관할 것

종류	기울기 방향	기울기
증기관	역구배	1/50 이상
증기관	순구배	1/250 이상
환수관	순구배	1/250 이상

27 마찰손실

(1) 유속, 수온, 배관의 안지름, 배관 내면의 조도, 배관 길이와 관련 있음

(2) 마찰손실수두 = $\lambda \dfrac{l}{d} \dfrac{v^2}{2g} [mH_2O]$

메꿈   ① 길어

28 증기난방배관

(1) 배관 구배

① 단관 중력 환수식 : 상향 공급식, 하향 공급식 모두 끝내림 구배를 주며, 표준 구배는 다음과 같음
- 상향 공급식(역류관) : ([빵꾸1]   )
- 하향 공급식(순류관) : ([빵꾸2]   )

② 복관 중력 환수식
- 건식 환수관 : ([빵꾸3]   ) 의 끝내림 구배로 배관하며 환수관은 보일러 수면보다 높게 설치해줄 것. 증기관 내 응축수를 환수관에 배출할 때는 응축수의 체류가 쉬운 곳에 반드시 트랩을 설치할 것
- 습식 환수관 : 증기관 내 응축수 배출 시 트랩장치를 하지 않아도 되며 환수관이 보일러 수면보다 낮아지면 됨. 증기주관도 환수관의 수면보다 약 400 [mm] 이상 높게 설치할 것

③ 진공 환수식 : 증기주관은 1/200 ~ 1/300의 끝내림 구배를 주며 건식 환수관을 사용. 리프트 피팅은 환수주관보다 지름이 1 ~ 2 정도 작은 치수를 사용하고 1단의 흡상 높이는 1.5 [m] 이내로 하며, 그 사용 개수를 가능한 적게 하고 급수펌프의 근처에서 1개소만 설치할 것

29 온수난방 배관

(1) 배관 구배 : 공기빼기밸브나 팽창탱크를 향해 ([빵꾸4]   ) 이상 끝올림 구배를 줄 것

① 단관 중력식 : 온수주관은 끝내림 구배를 주며 관 내 공기를 팽창탱크로 유인

② 복관 중력 순환식 : 상향 공급식에서 온수 공급관은 끝올림, 복귀관은 끝내림 구배를 주나, 하향 공급식에서는 온수 공급관, 복귀관 모두 끝내림 구배를 줄 것

메꿈 ① 1/50 ~ 1/100 ② 1/100 ~ 1/200 ③ 1/200 ④ 1/250

③ 강제 순환식 : 끝올림 구배이든 끝내림 구배이든 무관

30 공기조화방식

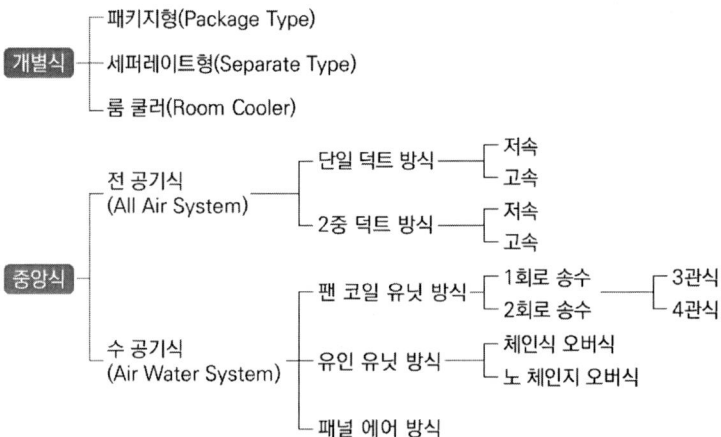

31 송풍기

(1) 선풍기 : 대기압하에서 공기를 흡입하고 압력 상승은 0이며, 대류작용에 의한 공기유동

(2) Fan : 대기압하에서 공기를 흡입하고 압력 상승은 1000 [mmAq] 미만

(3) Blower : 대기압하에서 공기를 흡입하고 압력 상승은 1000 [mmAq] 이상

(4) 송풍기 번호

① 다익형 송풍기 번호 $No. = \dfrac{임펠러 \ 지름(mm)}{150}$

② 축류형 송풍기 번호 $No. = \dfrac{임펠러 \ 지름(mm)}{100}$

32 효율 측정법

(1) 중량법 : 필터에서 집진되는 먼지의 중량으로 효율 결정(큰 입자)

(2) 변색도법(비색법) : 작은 입자를 대상으로 필터에서 포집된 공기를 각각 여과기에 통과시켜 그 오염도를 광전관을 사용하여 측정

(3) 계수법(DOP법) : 고성능 필터를 측정하는 방법으로 일정한 크기의 시험입자(0.3 μm)를 사용해 먼지(진애) 계측기로 측정

33 고성능 필터

(1) DOP법에 의한 여과효율이 99.79 [%] 이상이며 여과재는 글라스파이버, 아스베스토스 파이버가 사용

(2) 병원 수술실, 클린룸, 방사선물질 취급소 등에 사용

34 중앙공조방식

(1) 송풍량이 많아 실내공기의 오염이 적음

(2) 덕트가 대형이고 개별식에 비해 덕트 스페이스가 큼

(3) 공조기가 기계실에 집중되어 있으므로 관리·보수가 용이

(4) 송풍동력이 크며 유닛 병용의 경우를 제외하고는 각 실마다의 조정이 곤란

(5) 대형 건물에 적합하며, 리턴 팬을 설치하면 외기냉방이 가능

35 2중 덕트방식

온풍과 냉풍 2개의 덕트를 설비하여 각 실의 부하조건에 따라서 혼합박스로 적당한 급기온도를 조정하여 토출시키는 방식으로 에너지 소모량이 가장 큰 방식

36 유인유닛방식

1차 공조기로부터 보내 온 고속공기가 노즐 속을 통과할 때 유인력에 의해 2차 공기를 유인하여 냉각 또는 가열하는 방식

37 개별공조방식

(1) 이동 및 보관, 자동조작이 가능하며 편리함

(2) 여과기의 불완전으로 실내공기의 청정도가 나쁘고 소음이 큼

(3) 개별제어가 가능하고 대량 생산하므로 설비비와 운전비가 저렴

(4) 설치가 간단하지만 대용량의 경우 공조기 수가 증가하기 때문에 중앙식보다 설비비가 많이 들 수 있음

(5) 외기냉방이 어려움

※ 외기냉방 : 외기의 온도 또는 엔탈피보다 낮은 경우 냉동기를 가동하지 않고 공기조화기의 외기, 환기, 배기댐퍼의 적절한 조작과 송풍기팬 및 배기팬으로 외기를 도입해 실내를 냉방하는 것

38 개별공조방식

(1) 냉각감습장치 : 냉각코일, 공기세정기 이용

(2) ([빙꾸1]) 감습장치 : 염화리튬, 트라이에틸렌글리콜 등의
    ([빙꾸2]) 흡수제 이용

(3) 압축감습장치 : 공기를 압축하여 여분의 수분을 응축시키는 법

(4) ([빙꾸3]) 감습장치 : 실리카겔, 활성알루미나 등의 반고체,
    ([빙꾸4]) 흡착제를 사용하여 감습(극저습도용)

39 플래시가스 발생원인

(1) 압력 강하에 의한 경우

① 액관의 크기나 전자밸브, 체크밸브 등 크기가 작을 때

② 액관 중 스트레이너, 드라이어 등이 막혔을 때

③ 액관이 현저히 입상할 때

메꿈 ① 흡수식 ② 액체 ③ 흡착식 ④ 고체

(2) 가열에 의한 경우
   ① 수액기가 직사광선을 받을 때
   ② 응축온도가 지나치게 낮을 때
   ③ 수액기 냉매온도가 주위보다 높을 때
   ④ 액관 보온 없이 따뜻한 곳을 통과할 때

40 플래시가스 영향

(1) 흡입가스 과열

(2) 실린더 과열

(3) 냉동능력([빵꾸1]   )

(4) 증발압력 저하

(5) 팽창밸브의 능력이 감퇴되어 증발기 내로 유입되는 실제적 냉매액 감소

(6) 윤활유 열화, 탄화

(7) 토출가스온도([빵꾸2]   )

(8) 냉장실 온도 상승

41 플래시가스 발생 방지법

(1) 지나친 입상을 방지

(2) 액관을 방열

(3) 열교환기 설치

(4) 응축설계온도를 높게 함

메꿈   ① 감소   ② 상승

42 덕트 치수결정

(1) 등속법 : 덕트 내 공기속도를 가정하고 이것과 공기량에서 덕트의 결정 선도에 의해 마찰저항, 원형 덕트의 직경을 구해서 다시 덕트 만곡부 저항의 해당 길이 환산표에 의해 장방형으로 환산

(2) 정압법(등마찰손실법) : 주덕트의 풍속과 풍량에서 1 [m] 당 마찰저항 (압력 강하)를 구하고, 이 값과 각 덕트의 마찰저항이 똑같이 되도록 각 덕트의 치수를 정하는 방법

(3) 정압재취득법 : 덕트의 직경을 균일하게 한 등경덕트를 말하며 체적이 큰 실내에서 각 취출구 또는 분기부 직전의 정압을 일정하게, 즉 전체 용량이 만족되는 곳에 사용되며 주덕트 내의 풍속보다 토출속도가 큰 것일수로 분포성이 좋음

(4) 고속덕트법
   ① 주덕트 내 풍속은 20 ~ 30 [m/s]이고, 덕트 속도를 2배로 하면 팬 동력은 8배 증가하여 소음이 커짐
   ② 압력손실이 1 [mmAq/m]이며, 송풍기 정압은 150 ~ 200 [mmAq]

(5) 저속덕트법
   0.1 [mmAq/m] 가량으로 대유량의 경우에도 주덕트 풍속은 15 [m/s] 이하, 마찰저항은 0.3 [mmAq/m] 이하로 결정

43 냉동·냉각설비 배관

(1) 토출관(압축기와 응축기 사이 배관)의 배관 : 응축기는 압축기와 같은 높이이거나 낮은 위치에 설치하는 것이 좋으나, 응축기가 압축기보다 높은 곳에 있을 때는 그 높이가 2.5 [m] 이하이면 (b)와 같이, 그보다 높으면 (c)와 같이 트랩장치를 해주며, 시공 시 수평관도 (b), (c) 모두 끝내림 구배로 할 것. 수직관이 너무 높으면 10 [m]마다 트랩을 1개씩 설치할 것

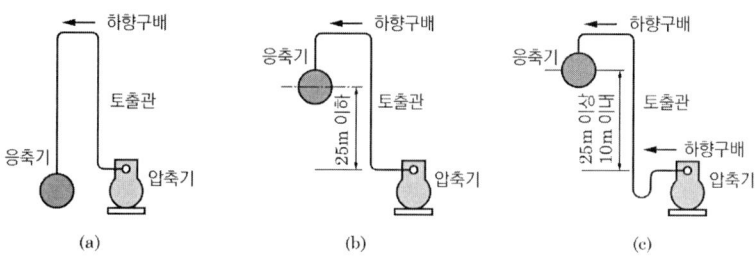

토출관 배관

(2) 액관(응축기와 증발기 사이의 배관)의 배관 : 다음 그림과 같이 증발기가 응축기보다 아래에 있을 때는 2 [m] 이상의 역루프 배관으로 시공할 것. 단, 전자밸브의 장착 시에는 루프 배관이 불필요

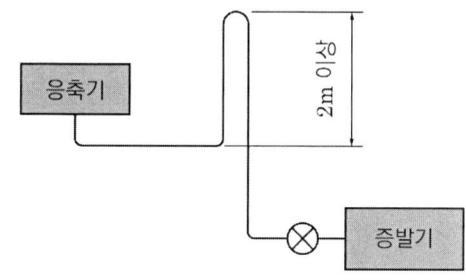

액관 배관

(3) 흡입관(증발기와 압축기 사이의 배관)의 배관 : 수평관의 구배는 끝내림 구배로 하며 오일트랩을 설치. 증발기와 압축기의 높이가 같을 경우에는 흡입관을 수직 입상시키고 1/200의 끝내림 구배를 주며, 증발기가 압축기보다 위에 있을 때는 흡입관을 증발기 윗면까지 끌어올릴 것

44 헬라이트 토치 램프 색상을 이용한 프레온 누설검사

(1) 누설이 없을 때 : ([빵꾸1]   )색

(2) 소량누설 : ([빵꾸2]   )색

메꿈   ① 청   ② 녹

(3) 다량누설 : ([빵꾸1]   )색

(4) 극심할 때 : ([빵꾸2]   )

45 배관 높이 표시

(1) EL 표시 : 배관의 높이를 표시할 때 기준선으로 기준선에 의해 높이를 표시하는 법

(2) ([빵꾸3]   ) : EL에서 관 외경의 밑면까지를 높이로 표시할 때

(3) ([빵꾸4]   ) : EL에서 관 외경의 윗면까지를 높이로 표시할 때

(4) GL(Ground Level) : 지면의 높이를 기준으로 할 때 사용하고 치수 숫자 앞에 기입

(5) FL(Floor Level) : 건물 바닥면을 기준으로 하여 높이로 표시할 때

46 배관도면 표시법

관은 하나의 실선으로 표시하며 동일 도면에서 다른 관을 표시할 때도 같은 굵기선으로 표시한다.

(1) 유체의 종류, 상태, 목적 표시 기호
   문자로 표시하며 관을 표시하는 선위에 표시하거나 인출선에 의해 도시한다.

(2) 유체의 종류와 기호

① 공기 : ([빵꾸5]   )

② 가스 : ([빵꾸6]   )

③ 유류 : ([빵꾸7]   )

④ 수증기 : ([빵꾸8]   )

⑤ 물 : ([빵꾸9]   )

메꿈 ① 자 ② 불꺼짐 ③ BOP ④ TOP ⑤ A ⑥ G ⑦ O ⑧ S ⑨ W

(3) 배관 도시기호

명칭	도시기호	명칭	도시기호
나사형	—┼—	유니언	—┼┼┼—
용접형	—✕—	슬루스밸브	—▷◁—
플랜지형	—╂╂—	글로브밸브	—▷•◁—
턱걸이형	—⌒—	체크밸브	—▷│—
납땜형	—○—	캡	—⊐

47 가스배관 시공

(1) 지상배관 : (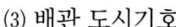)

(2) 매설배관 : 저압일 때 황색, 중압일 때 적색

48 냉각탑의 종류 및 특성

(1) 냉각탑은 일반적으로 쿨링타워라고 한다.

(2) 냉동기의 응축기에서 가스를 냉각액화시켜 온도가 상승한 냉각수를 대기에 접촉시킴과 동시에 그 일부를 증발시켜 기화열로 냉각수의 온도를 떨어뜨려 수랭 응축기의 냉각수를 버리지 않고 몇 번이라도 반복해 순환 사용할 수 있도록 하는 역할

메꿈 ① 황색

49 기계설비의 범위

구분	내용
1. 열원설비	건축물 등에서 에너지를 이용하여 열매체를 가열, 냉각하기 위하여 설치된 기계·기구·배관 및 그 밖에 성능을 유지하기 위한 설비
2. 냉난방설비	건축물 등에서 일정한 실내온도 유지를 위하여 설치된 기계·기구·배관 및 그 밖에 성능을 유지하기 위한 설비
3. 공기조화·공기청정·환기설비	건축물 등에서 온도, 습도, 청정도, 기류 등을 조절하기 위하여 설치된 기계·기구·배관 및 그 밖에 성능을 유지하기 위한 설비
4. 위생기구·급수·급탕·오배수·통기설비	건축물 등에서 위생과 냉수·온수 공급, 오배수(汚排水), 오배수관 통기(通氣) 등을 위하여 설치된 기계·기구·배관 및 그 밖에 성능을 유지하기 위한 설비
5. 오수정화·물재이용설비	건축물 등에서 오수를 정화하여 배출하거나 정화된 물을 재이용하기 위하여 설치된 기계·기구·배관 및 그 밖에 성능을 유지하기 위한 설비
6. 우수배수설비	건축물 등에서 빗물을 외부로 배출하기 위하여 설치된 기계·기구·배관 및 그 밖에 성능을 유지하기 위한 설비
7. 보온설비	건축물 등에 설치된 기계·기구·배관 및 그 밖에 성능을 유지하기 위한 설비의 보온, 보냉, 결로 및 동결 방지 등을 위하여 설치된 설비
8. 덕트(duct)설비	건축물 등에 설치된 기계·기구·배관 및 그 밖에 성능을 유지하기 위한 설비의 풍량 등을 조절하고 급기(給氣)·배기 및 환기 등을 위하여 설치된 설비
9. 자동제어설비	건축물 등에 설치된 기계·기구·배관 및 그 밖에 성능을 유지하기 위한 설비의 감시, 제어·관리 및 통제 등을 위하여 설치된 설비
10. 방음·방진·내진설비	건축물 등에 설치된 기계·기구·배관 및 그 밖에 성능을 유지하기 위한 설비의 소음, 진동, 전도 및 탈락 등을 방지하기 위하여 설치된 설비

구분	내용
11. 플랜트설비	건축물 등에서 생산물의 제조·생산·이송 및 저장이나 오염물질의 제거 및 저장 등을 위하여 설치된 기계·기구·배관 및 그 밖에 성능을 유지하기 위한 설비
12. 특수설비	가. 건축물 등에서 냉동·냉장, 항온·항습(온도와 습도를 일정하게 유지시키는 것), 특수청정(세균 또는 먼지 등을 제거하는 것), 생활폐기물 집하 및 이송, 전자파 차단 등을 위하여 설치된 기계·기구·배관 및 그 밖에 성능을 유지하기 위한 설비 나. 청정실(실내공간의 오염물질 등을 없애거나 줄이기 위하여 공기정화시설 등의 설비가 설치된 방), 자동창고(물건이 나가고 들어오는 모든 일을 컴퓨터가 자동적으로 제어하고 관리하는 창고), 집진기(먼지를 모으는 기기), 무대기계장치, 기송관(氣送管: 압축 공기를 써서 물건을 운반하는 기계) 등의 설비와 그 설비를 위하여 설치된 기계·기구·배관 및 그 밖에 성능을 유지하기 위한 설비

50 안전보건표지의 종류별 용도, 설치·부착 장소, 형태 및 색채

(1) 금지표지

종류	용도 및 설치·부착 장소	설치·부착 장소 예시
① 출입금지	출입을 통제해야 할 장소	조립·해체 작업장 입구
② 보행금지	사람이 걸어 다녀서는 안 될 장소	중장비 운전작업장
③ 차량통행금지	제반 운반기기 및 차량의 통행을 금지시켜야 할 장소	집단보행 장소
④ 사용금지	수리 또는 고장 등으로 만지거나 작동시키는 것을 금지해야 할 기계·기구 및 설비	고장난 기계

종류	용도 및 설치·부착 장소	설치·부착 장소 예시
⑤ 탑승금지	엘리베이터 등에 타는 것이나 어떤 장소에 올라가는 것을 금지	고장 난 엘리베이터
⑥ 금연	담배를 피워서는 안 될 장소	
⑦ 화기금지	화재가 발생할 염려가 있는 장소로서 화기 취급을 금지하는 장소	화학물질취급 장소
⑧ 물체이동 금지	정리 정돈 상태의 물체나 움직여서는 안 될 물체를 보존하기 위하여 필요한 장소	절전스위치 옆

※ 색채 : 바탕은 흰색, 기본모형은 빨간색, 관련 부호 및 그림은 검은색

(2) 경고

종류	용도 및 설치·부착 장소	설치·부착 장소 예시
① 인화성물질 경고	휘발유 등 화기의 취급을 극히 주의해야 하는 물질이 있는 장소	휘발유 저장탱크
② 산화성물질 경고	가열·압축하거나 강산·알칼리 등을 첨가하면 강한 산화성을 띠는 물질이 있는 장소	질산 저장탱크
③ 폭발성물질 경고	폭발성 물질이 있는 장소	폭발물 저장실
④ 급성독성물질 경고	급성독성 물질이 있는 장소	농약 제조·보관소
⑤ 부식성물질 경고	신체나 물체를 부식시키는 물질이 있는 장소	황산 저장소
⑥ 방사성물질 경고	방사능물질이 있는 장소	방사성 동위원소 사용실

종류	용도 및 설치·부착 장소	설치·부착 장소 예시
⑦ 고압전기 경고	발전소나 고전압이 흐르는 장소	감전우려지역 입구
⑧ 매달린물체 경고	머리 위에 크레인 등과 같이 매달린 물체가 있는 장소	크레인이 있는 작업장 입구
⑨ 낙하물체 경고	돌 및 블록 등 떨어질 우려가 있는 물체가 있는 장소	비계 설치 장소 입구
⑩ 고온 경고	고도의 열을 발하는 물체 또는 온도가 아주 높은 장소	주물작업장 입구
⑪ 저온 경고	아주 차가운 물체 또는 온도가 아주 낮은 장소	냉동작업장 입구
⑫ 몸균형 상실 경고	미끄러운 장소 등 넘어지기 쉬운 장소	경사진 통로 입구
⑬ 레이저광선 경고	레이저광선에 노출될 우려가 있는 장소	레이저실험실 입구
⑭ 발암성·변이원성·생식독성·전신독성·호흡기과민성 물질 경고	발암성·변이원성·생식독성·전신독성·호흡기과민성 물질이 있는 장소	납 분진 발생장소
⑮ 위험장소 경고	그 밖에 위험한 물체 또는 그 물체가 있는 장소	맨홀 앞 고열금속찌꺼기 폐기장소

※ 색채 : 바탕은 노란색, 기본모형, 관련 부호 및 그림은 검은색
다만 인화성물질 경고, 산화성물질 경고, 폭발성물질 경고, 급성독성물질 경고, 부식성물질 경고 및 발암성·변이원성·생식독성·전신독성·호흡기과민성 물질 경고의 경우 바탕은 무색, 기본모형은 **빨간색(검은색도 가능)**

(3) 지시표지

종류	용도 및 설치·부착 장소	설치·부착 장소 예시
① 보안경 착용	보안경을 착용해야만 작업 또는 출입을 할 수 있는 장소	그라인더작업장 입구
② 방독마스크 착용	방독마스크를 착용해야만 작업 또는 출입을 할 수 있는 장소	유해물질작업장 입구
③ 방진마스크 착용	방진마스크를 착용해야만 작업 또는 출입을 할 수 있는 장소	분진이 많은 곳
④ 보안면 착용	보안면을 착용해야만 작업 또는 출입을 할 수 있는 장소	용접실 입구
⑤ 안전모 착용	헬멧 등 안전모를 착용해야만 작업 또는 출입을 할 수 있는 장소	갱도의 입구
⑥ 귀마개 착용	소음장소 등 귀마개를 착용해야만 작업 또는 출입을 할 수 있는 장소	판금작업장 입구
⑦ 안전화 착용	안전화를 착용해야만 작업 또는 출입을 할 수 있는 장소	채탄작업장 입구
⑧ 안전장갑 착용	안전장갑을 착용해야 작업 또는 출입을 할 수 있는 장소	고온 및 저온물 취급작업장 입구
⑨ 안전복착용	방열복 및 방한복 등의 안전복을 착용해야만 작업 또는 출입을 할 수 있는 장소	단조작업장 입구

※ 색채 : 바탕은 파란색, 관련 그림은 흰색

(4) 안내표지

종류	용도 및 설치·부착 장소	설치·부착 장소 예시
① 녹십자표지	안전의식을 북돋우기 위하여 필요한 장소	공사장 및 사람들이 많이 볼 수 있는 장소
② 응급구호표지	응급구호설비가 있는 장소	위생구호실 앞
③ 들것	구호를 위한 들것이 있는 장소	위생구호실 앞
④ 세안장치	세안장치가 있는 장소	위생구호실 앞
⑤ 비상용기구	비상용기구가 있는 장소	비상용기구 설치장소 앞
⑥ 비상구	비상출입구	위생구호실 앞
⑦ 좌측비상구	비상구가 좌측에 있음을 알려야 하는 장소	위생구호실 앞
⑧ 우측비상구	비상구가 우측에 있음을 알려야 하는 장소	위생구호실 앞

※ 색채 : 바탕은 흰색, 기본모형 및 관련 부호는 녹색, 바탕은 녹색, 관련 부호 및 그림은 흰색

(5) 출입금지표지

종류	용도 및 설치·부착 장소	설치·부착 장소 예시
① 허가대상유해물질 취급	허가대상유해물질 제조, 사용 작업장	출입구 (단, 실외 또는 출입구가 없을 시 근로자가 보기 쉬운 장소)
② 석면취급 및 해체·제거	석면 제조, 사용, 해체·제거 작업장	
③ 금지유해물질 취급	금지유해물질 제조·사용설비가 설치된 장소	

※ 색채 : 글자는 흰색바탕에 흑색다음 글자는 적색

51 안전보건표지의 용도

색채	용도	사용례
빨간색	금지	정지신호, 소화설비 및 그 장소, 유해행위의 금지
빨간색	경고	화학물질 취급장소에서의 유해·위험 경고
노란색	경고	화학물질 취급장소에서의 유해·위험경고 이외의 위험경고, 주의표지 또는 기계방호물
파란색	지시	특정 행위의 지시 및 사실의 고지
녹색	안내	비상구 및 피난소, 사람 또는 차량의 통행표지
흰색		파란색 또는 녹색에 대한 보조색
검은색		문자 및 빨간색 또는 노란색에 대한 보조색

Chapter 02 전기

1 옴의 법칙

$$V = IR, \quad I = \frac{V}{R}, \quad R = \frac{V}{I}$$

2 키르히호프의 법칙

회로 내 임의의 접속점을 기준으로 들어오는 전류와 나오는 전류의 대수합은 0이다.

$i_1 - i_2 - i_3 - i_4 + i_5 = 0$

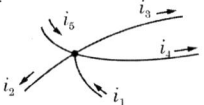

3 휘스톤 브릿지

브릿지 평형 조건 $R_1 R_4 = R_2 R_3$

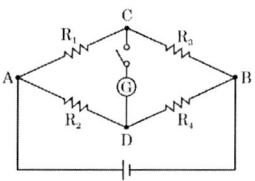

4 주기 T 및 주파수 f

주기 T는 주파수와 역수관계 $T = \dfrac{1}{f}$

5 각속도(= 각 주파수) ω

$$\omega = \frac{\theta}{t} = \frac{2\pi}{T} = 2\pi f [rad/\sec]$$

6 위상 및 위상차

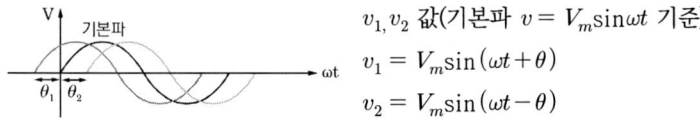

v_1, v_2 값(기본파 $v = V_m \sin \omega t$ 기준)
$v_1 = V_m \sin(\omega t + \theta)$
$v_2 = V_m \sin(\omega t - \theta)$

7 순싯값

$v = V_m \sin(\omega t + \theta)\ [V]$

8 평균값

$$V_{av} = \frac{1}{T} \int v(t)\, dt = \int_0^\pi V_m \sin\theta\, d\theta = \frac{2}{\pi} V_m$$

9 실횻값

(1) 정현파 교류 실횻값 $I = \dfrac{I_m}{\sqrt{2}}$

10 파형률 및 파고율

(1) 파고율 = $\dfrac{\text{최댓값}}{\text{실횻값}}$

(2) 파형율 = $\dfrac{\text{실횻값}}{\text{평균값}}$

11 파형 종류 및 파형별 값 정리

파형	실횻값	평균값
정현파	$\dfrac{1}{\sqrt{2}}E_m$	$\dfrac{2}{\pi}E_m$
전파 정현파	$\dfrac{1}{\sqrt{2}}E_m$	$\dfrac{2}{\pi}E_m$
반파 정현파	$\dfrac{1}{2}E_m$	$\dfrac{1}{\pi}E_m$
구형파	E_m	E_m

파형	실횻값	평균값
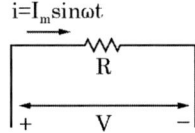 파 구형파	$\dfrac{1}{\sqrt{2}} E_m$	$\dfrac{1}{2} E_m$
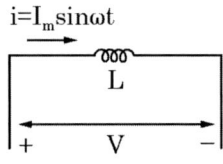 삼각파, 톱니파	$\dfrac{1}{\sqrt{3}} E_m$	$\dfrac{1}{2} E_m$

12 저항 R

① 전압 : $v = RI_m \sin\omega t \ [V]$

② 전류 : $I = \dfrac{V}{R} \ [A]$

13 인덕턴스 L

① L에 축적되는 에너지 $W = \dfrac{1}{2} LI^2$

② $v_L = L \dfrac{di}{dt} \ [V] = \omega L I_m \sin(\omega t + 90°) \ [V]$

③ 유도성 리액턴스 : $X_L = j\omega L \ [\Omega]$

④ 전류 $i_L = \dfrac{V}{\omega L} \ [A]$

14 커패시턴스 C

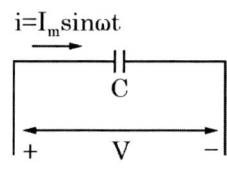

① C에 축적되는 에너지 $W = \dfrac{1}{2}CV^2$

② $v_c = \dfrac{1}{C}\int i(t)dt\,[V] = \dfrac{1}{\omega C}I_m\sin(\omega t - 90°)\,[V]$

③ 용량성 리액턴스 : $X_c = \dfrac{1}{j\omega C}\,[\Omega]$

④ 전류 $i_C = \omega CV\,[A]$

15 R-L-C 교류직렬회로

회로	R-L	R-C	R-L-C
순시전류	$i = I_m\sin(\omega t - \theta)$	$i = I_m\sin(\omega t + \theta)$	$i = I_m\sin(\omega t \pm \theta)$
위상차	$\theta = \tan^{-1}\dfrac{X_L}{R}$	$\theta = \tan^{-1}\dfrac{X_C}{R}$	$\theta = \tan^{-1}\dfrac{X_L - X_C}{R}$
전류의 크기	$I = \dfrac{V}{\sqrt{R^2 + X_L^2}}$	$I = \dfrac{V}{\sqrt{R^2 + X_C^2}}$	$I = \dfrac{V}{\sqrt{R^2 + (X_L - X_C)^2}}$
역률	$\dfrac{R}{\sqrt{R^2 + X_L^2}}$	$\dfrac{R}{\sqrt{R^2 + X_C^2}}$	$\dfrac{R}{\sqrt{R^2 + (X_L - X_C)^2}}$

16 공진회로

구분	R-L-C 직렬 공진	R-L-C 병렬 공진
공진조건	$\omega L = \dfrac{1}{\omega C}$	
역률 $\cos\theta$	1	
공진 주파수	$f = \dfrac{1}{2\pi\sqrt{LC}}\,[Hz]$	

17 전력의 종류

구분	피상전력 P_a	유효전력 P	무효전력 P_r
계산식	$P_a = VI \ [VA]$ $P_a = \sqrt{P^2 + P_r^2} \ [VA]$	$P = VI\cos\theta \ [W]$	$P_r = VI\sin\theta \ [Var]$

18 최대전력 조건

구분	직류 회로	교류 회로
최대전력 조건	$r = R$	$\overline{Z_r} = Z_L$
계산식	$P_{최대} = (\dfrac{E}{2R})^2 R = \dfrac{E^2}{4R}$	

19 복소전력

구분	피상전력
전류 공액	$P_a = V\overline{I}$
전압 공액	$P_a = \overline{V}I$

20 교류전력 측정

구분	제 3전압계법	제 3전류계법
전력 P	$P = \dfrac{1}{2R}(V_1^2 - V_2^2 - V_3^2)$	$P = \dfrac{R}{2}(I_1^2 - I_2^2 - I_3^2)$

21 벡터 궤적

종류	임피던스 궤적	어드미턴스 궤적(전류 궤적)
RLC 직렬	직선	원점을 지나는 하나의 원

22 △ 및 Y 결선

Y 결선	△ 결선
① $V_l = \sqrt{3}\, V_p \angle \dfrac{\pi}{6}$	① $I_l = \sqrt{3}\, I_p \angle -\dfrac{\pi}{6}$
② $I_l = I_p$	② $V_l = V_p$

전력 계산 (R-X 직렬)	• 유효전력 P : $P = 3I_p^2 R = 3V_p I_p \cos\theta = \sqrt{3}\, V_l I_l \cos\theta\ [W]$ • 무효전력 P_r : $P = 3I_p^2 X = 3V_p I_p \sin\theta = \sqrt{3}\, V_l I_l \sin\theta\ [Var]$ • 피상전력 P_a : $P = 3I_p^2 Z = 3V_p I_p = \sqrt{3}\, V_l I_l\ [VA]$

23 V 결선

(1) 출력비 = 57.7 [%]   (2) 이용률 = 86.6 [%]

24 Y ↔ △ 변환

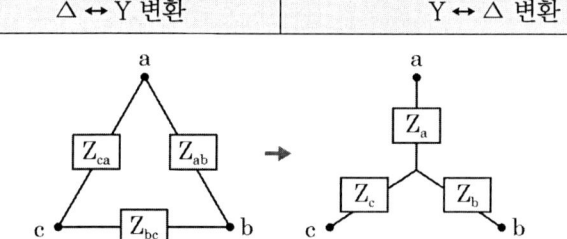

△ ↔ Y 변환	Y ↔ △ 변환
$Z_a = \dfrac{Z_{ca} Z_{ab}}{Z_{ab} + Z_{bc} + Z_{ca}}\ [\Omega]$	$Z_{ab} = \dfrac{Z_a Z_b + Z_b Z_c + Z_c Z_a}{Z_c}\ [\Omega]$
$Z_b = \dfrac{Z_{ab} Z_{bc}}{Z_{ab} + Z_{bc} + Z_{ca}}\ [\Omega]$	$Z_{bc} = \dfrac{Z_a Z_b + Z_b Z_c + Z_c Z_a}{Z_a}\ [\Omega]$
$Z_c = \dfrac{Z_{bc} Z_{ca}}{Z_{ab} + Z_{bc} + Z_{ca}}\ [\Omega]$	$Z_{ca} = \dfrac{Z_a Z_b + Z_b Z_c + Z_c Z_a}{Z_b}\ [\Omega]$

25 3상 전력 측정

1전력계법	2전력계법
유효전력 $P = 2W = \sqrt{3}\, V_l I_l \cos\theta$	(1) 유효전력 $P = P_1 + P_2 = \sqrt{3}\, VI\cos\theta\ [W]$ (2) 무효전력 $P_r = \sqrt{3}\, VI\sin\theta\ [Var]$ (3) 피상전력 $P_a = 2\sqrt{P_1^2 + P_2^2 - P_1 P_2}\ [VA]$ (4) 역률 $\cos\theta = \dfrac{P}{P_a} = \dfrac{P_1 + P_2}{2\sqrt{P_1^2 + P_2^2 - P_1 P_2}}$

26 구동점 임피던스

(1) $R = R,\quad j\omega L = SL,\quad \dfrac{1}{j\omega C} = \dfrac{1}{SC}$

(2) RLC 직렬회로의 임피던스 : $Z = R + sL + \dfrac{1}{sC}$

(3) RLC 병렬회로의 임피던스 : $Z = \dfrac{1}{\dfrac{1}{S} + \dfrac{1}{Ls} + \dfrac{1}{\dfrac{1}{sC}}}$

27 영점 및 극점

(1) 영점

  전달함수의 ([빵꾸1]) 만드는 s값

(2) 극점

  전달함수의 ([빵꾸2]) 만드는 s값

메꿈 ① 분모를 0으로 ② 분자를 0으로

28 라플라스 변환 공식

$$\int_0^\infty f_{(t)} \cdot e^{-st} = F_{(s)}$$

$f(t)$	$F(s)$
임펄스 함수 $\delta(t)$	1
단위 계단 함수 $u(t) = 1$	$\dfrac{1}{s}$
속도 함수 t	$\dfrac{1}{s^2}$
지수 함수 $e^{\pm at}$	$\dfrac{1}{(s \mp a)}$
n차 램프 함수 t^n	$\dfrac{n!}{s^{n+1}}$
삼각함수 $\sin wt$	$\dfrac{w}{s^2+w^2}$
삼각함수 $\cos wt$	$\dfrac{s}{s^2+w^2}$

29 시간추이 정리

$$f(t-a) \xrightarrow{\mathcal{L}} F(s)e^{-as}$$

30 복소추이 정리

$$e^{\pm at}f(t) \xrightarrow{\mathcal{L}} F(s \mp a)$$

31 미적분 정리

$$\mathcal{L}[\frac{d}{dt}f(t)] = sF(s) \quad \mathcal{L}[\frac{d^2}{dt^2}f(t)] = s^2F(s), \quad \mathcal{L}[\int f(t)dt] = \frac{1}{s}F(s)$$

32 초깃값, 최종값 정리

(1) 초깃값 정리 $\lim_{t \to 0} f(t) = \lim_{s \to \infty} sF(s)$

(2) 최종값 정리 $\lim_{t \to \infty} f(t) = \lim_{s \to 0} sF(s)$

33 R-L 직렬 회로

(1) R - L 직렬회로의 과도전류 $i(t) = \frac{E}{R}(1 - e^{-\frac{R}{L}t})\ [A]$

(2) 특성근 $P = -\frac{R}{L}$

(3) 시정수 $\tau = \frac{L}{R}\ [\sec],\ i(t) = 0.632\frac{E}{R}$

34 R-C 직렬 회로

(1) R - C 직렬회로의 과도전류 $i(t) = \frac{E}{R}e^{-\frac{1}{RC}t}$

(2) $P = -\frac{1}{RC}$

(3) 시정수 $\tau = RC[\sec],\ i(t) = 0.368\frac{E}{R}$

35 RLC 직렬회로 과도응답 특성

조건	특성
$R^2 > 4 \cdot \dfrac{L}{C}$	([빵꾸1])
$R^2 = 4 \cdot \dfrac{L}{C}$	임계 제동(임계 진동)
$R^2 < 4 \cdot \dfrac{L}{C}$	([빵꾸2])

36 제어요소의 전달함수 종류

종류	$G(s)$
비례요소	K
미분요소	Ks
적분요소	$\dfrac{K}{s}$
1차지연요소	$\dfrac{K}{Ts+1}$
2차 지연요소	([빵꾸3])
부동작 시간요소	Ke^{-Ls}

37 블록선도 및 신호 흐름 선도에서의 전달 함수

$$G(s) = \frac{C(s)}{R(s)} = \frac{\text{전방향경로}}{1-\text{폐루프}}$$

메꿈 ① 과제동 (비진동) ② 부족 제동 (감쇠 진동) ③ $\dfrac{\omega_n^{\,2}}{s^2 + 2\delta\omega_n s + \omega_n^{\,2}}$

38 폐회로 제어계

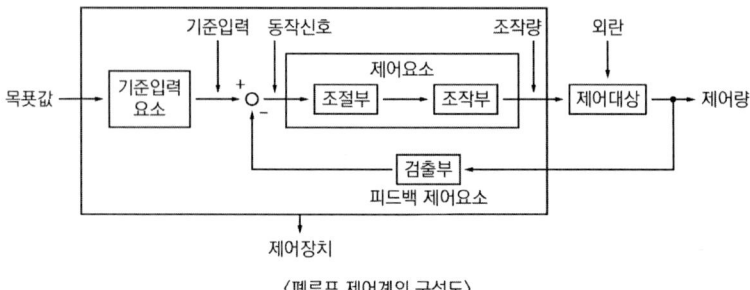

〈폐루프 제어계의 구성도〉

39 목푯값에 의한 분류(입력기준)

(1) ([빵꾸1]   ) : 목푯값이 시간에 관계없이 항상 일정
(2) ([빵꾸2]   ) : 목푯값의 크기나 위치가 시간에 따라 변하는 것을 제어

40 제어량에 의한 분류

(1) ([빵꾸3]   ) : 위치, 방향, 자세, 각도, 거리
(2) ([빵꾸4]   ) : 온도, 압력, 유량, 액면, 밀도, 농도
(3) 자동조정 제어 : 전압, 주파수, 장력, 속도

메꿈   ① 정치제어 ② 추치제어 ③ 서보기구 제어 ④ 프로세스 제어

41 PID 제어 정리

종류		특징
P	비례동작	• 정상오차 수반 • ([빵꾸1]) 발생
I	적분동작	• 잔류편차 제거
D	미분동작	• 오차가 커지는 것을 미리 방지
PI	비례적분동작	• 잔류편차 제거 • 제어결과가 진동적으로 될 수 있음 • 속응성이 김
PD	비례미분동작	• 응답 ([빵꾸2])의 개선
PID	비례적분 미분동작	• 잔류편차 제거 • 응답의 오버슈트 감소 • 응답 속응성 향상 • 가장 안정적인 제어계

42 신호흐름선도

전달함수의 기본식 : $G(s) = \dfrac{전향경로 이득}{1 - 피드백 이득}$

$$G(s) = \frac{C(s)}{R(s)} = \frac{\sum[G(1-loop)]}{1-\triangle_1 + \triangle_2 - \triangle_3}$$

G : 각각의 전향경로 이득
loop : 전향경로 이득에 접촉하지 않는 루프
$\triangle_1$: 서로 다른 루프 이득의 합
$\triangle_2$: 서로 접촉하지 않는 두 개의 루프 이득의 곱
$\triangle_3$: 서로 접촉하지 않는 세 개의 루프 이득의 곱

메꿈   ① 잔류편차   ② 속응성

43 정상편차 e_{ss}

제어계의 전달함수에서 기준 입력과 출력 신호와의 차

(1) 정상편차 값(최종값 정리 적용)

$$e_{ss} = \lim_{t \to \infty} e(t) = \lim_{s \to 0} s E(s) = \lim_{s \to 0} \frac{1}{1 + G(s)} R(s)$$

(2) 제어시스템의 정상상태오차 정리표

제어계의 형	정상 위치 편차 (계단 입력)	정상 속도 편차 (램프 입력)	정상 가속도 편차 (포물선 입력)
0	$\dfrac{R}{1+K_p}$	∞	∞
1	0	$\dfrac{1}{K_v}$	∞
2	0	0	$\dfrac{1}{K_a}$
3	0	0	0

44 단위 계단 응답(인디셜 응답)

(1) $r(t) = u(t) \Rightarrow R(s) = \dfrac{1}{s}$

(2) $c(t) = \mathcal{L}^{-1}[C(s)] = \mathcal{L}^{-1}[G(s)\dfrac{1}{s}]$

45 임펄스 응답

(1) $r(t) = \delta(t) \xrightarrow{\mathcal{L}} R(s) = 1, \quad C(s) = G(s)$

(2) $c(t) = \mathcal{L}^{-1}[C(s)] = \mathcal{L}^{-1}[G(s)]$

46 2차 지연 제어계의 인디셜 응답

$$G(s) = \frac{C(s)}{R(s)} = \frac{\omega_n^2}{s^2 + 2\xi\omega_n s + \omega_n^2}$$

47 특성 방정식

전체 제어계의 특성을 결정하는 식

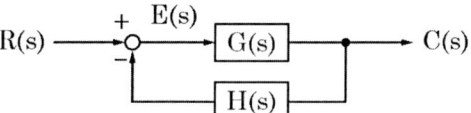

(1) 특성 방정식

① 전달함수 $M(s) = \dfrac{C(s)}{R(s)} = \dfrac{G(s)}{1 + G(s)H(s)}$

② 특성 방정식 $1 + G(s)H(s) = 0$

③ 2차 제어계의 전달함수 $M(s) = \dfrac{\omega_n^2}{s^2 + 2\xi\omega_n s + \omega_n^2}$ 일 경우,

특성방정식은 $s^2 + 2\xi\omega_n s + \omega_n^2$ 이다.

48 특성 방정식의 근의 위치에 따른 과도 응답

특성 방정식의 근의 위치는 제동비에 따라 변함

(1) $0 < \xi < 1$: ([빵꾸1]   )(감쇠진동)

(2) $\xi = 1$: ([빵꾸2]   )(임계상태)

(3) $\xi > 1$인 경우 : ([빵꾸3]   )(비진동)

(4) $\xi = 0$: ([빵꾸4]   )

메꿈 ① 부족제동 ② 임계제동 ③ 과제동 ④ 무제동

49 시간응답 특성

(1) 백분율 오버슈트 $= \dfrac{\text{최대 오버슈트}}{\text{최종 목표값}} \times 100 \, [\%]$

(2) 지연시간 : 응답이 최초로 목푯값의 (^[뻥꾸1]) [%]가 되는 데 요하는 시간

(3) 감쇠비 $= \dfrac{\text{제2오버슈트}}{\text{최대오버슈트}}$

(4) 상승시간

응답이 목푯값의 10 [%]로부터 90 [%]까지 도달하는 데 요하는 시간

(5) 정정시간

응답이 목푯값의 ±5 [%] 이내에 도달하는 데 요하는 시간

50 주파수 전달함수

(1) $|G(s)|_{(s=j\omega)} = G(j\omega) = |G(j\omega)| \angle G(j\omega)$

(2) 진폭비($G(j\omega)$의 길이) $|G(j\omega)| = \sqrt{\text{실수부}^2 + \text{허수부}^2}$

(3) 위상차($G(j\omega)$의 벡터의 편각) $\angle G(j\omega) = \tan^{-1} \dfrac{\text{허수부}}{\text{실수부}}$

51 보드선도의 종류

이득 $|G(j\omega)|$과 위상각 $\angle G(j\omega)$ 2가지 종류의 선도가 있음

(1) 이득 $g = 20\log_{10}|\text{진폭비}| = 20\log_{10}|G(j\omega)| \, [dB]$

(2) 위상 $\theta = \angle G(j\omega) \, [\deg]$

메꿈 ① 50

52 각종 요소의 이득과 위상각

(1) 비례요소 $G(s) = K$, $G(j\omega) = K$
  ① 이득 $g = 20\log_{10}|G(j\omega)| = 20\log_{10}K$
  ② 위상각 $\theta = \angle G(j\omega) = \angle 0°$

(2) 미분요소 $G(s) = s$, $G(j\omega) = j\omega$
  ① 이득 $g = 20\log_{10}|G(j\omega)| = 20\log\omega$
  ② 위상각 $\theta = \angle j\omega = 90°$

(3) 적분요소 $G(s) = \dfrac{1}{s}$, $G(j\omega) = \dfrac{1}{j\omega}$
  ① 이득 $g = 20\log_{10}|G(j\omega)| = -20\log_{10}\omega$
  ② 위상차 $\theta = \angle \dfrac{1}{j\omega} = -90°$

(4) 1차 지연요소 $G(s) = \dfrac{1}{1+Ts}$, $G(j\omega) = \dfrac{1}{1+j\omega T}$
  ① 이득 $g = 20\log_{10}\dfrac{1}{\sqrt{1+(\omega T)^2}}$
  ② 위상각 $\theta = \angle \dfrac{1}{1+j\omega T} = -\tan^{-1}\omega T°$

53 루스(Routh) 안정도 판별법

특성방정식
$$F(s) = 1 + G(s)\,H(s) = a_0 s^n + a_1 s^{n-1} + \cdots + a_{n-1}s + a_n$$

(1) 안정조건
  ① ([빵꾸1]   )가 존재
  ② 특성방정식의 모든 계수의 ([빵꾸2]   )가 같아야 함
  ③ 루스표를 작성하고 루스표의 1열 부호가 변화하지 않고 같아야 함

> 메꿈 ① 모든 차수의 계수 ② 부호

54 나이퀴스트(Nyquist) 판별법

계통의 안정도 개선법과 상대 및 절대 안정도를 알 수 있고 또한 주파수 응답에 관한 정보를 알 수 있음

(1) 안정조건
 ① 특성방정식의 근(영점, 극점)을 구함
 ② 근이 좌반면에 존재
 ③ 궤적이 (-1, j0)인 점의 좌측에 위치하면 제어계는 안정

(2) 이득 여유 (GM)
 ① 이득여유 $(GM) = 20\log \dfrac{1}{|GH_C|} = -20\log|GH_C|\ [dB]$
 ② 안정조건 $g_m > 0$, 제어계가 안정되려면 $4 \sim 12\ [dB]$

(3) 위상 여유 (PM)
 ① 안정조건 $\phi_m > 0$, 제어계가 안정되려면 $30 \sim 60°$

55 보드 선도에 의한 안정도 판별법

(1) 안정조건
 ① 이득교차점에서 위상곡선은 -180°보다 크고 위상 교차점에서 이득 곡선은 0 [dB]보다 작으면 안정
 ② 이득여유 $g_m > 0$, 위상여유 $\theta_m > 0$
  • 이득여유 : 위상곡선 -180°에서 이득이 0 [dB]와의 차
  • 위상여유 : 이득곡선 0 [dB]에 -180°와의 차

(2) 보드선도의 임계점 : 0 [dB], -180°

56 근궤적법

(1) 근궤적의 개수
   ① 특성 방정식의 차수와 같음
   ② 극점과 영점의 개수 중 큰 것과 일치

(2) 점근선의 교차점
$$\delta = \frac{\sum G(s)H(s)극점 - \sum G(s)H(s)영점}{P-Z}$$

(3) 근궤적의 점근선의 각도 $\theta = \dfrac{(2K+1)\pi}{P-Z}$

57 논리회로

(1) ([빵꾸1])회로 : 입력 A, B가 동시에 가해질 때, 출력 X가 발생하는 회로

논리기호	진리표		
	입력		출력
	A	B	X
A,B → X $X = AB$	0	0	0
	1	0	0
	0	1	0
	1	1	1

(2) NOT회로 : 부정을 의미하며, 입력과 출력 상태가 반대가 되는 회로

논리기호	진리표	
	A	X
A → X $X = \overline{A}$	1	0
	0	1

메꿈 ① AND

(3) NAND회로 : AND 회로와 출력이 반대가 되는 회로

논리기호	진리표		
$X = \overline{AB}$	A	B	X
	0	0	1
	0	1	1
	1	0	1
	1	1	0

(4) ([빵꾸1]   ) 회로 : A, B 중 하나의 입력이라도 가해지게 되면, 출력 X가 발생

논리기호	진리표		
$X = A + B$	A	B	X
	0	0	0
	0	1	1
	1	0	1
	1	1	1

(5) NOR회로
OR 회로와 출력이 반대가 되는 회로

논리기호	진리표		
$X = \overline{A+B}$	A	B	X
	0	0	1
	0	1	0
	1	0	0
	1	1	0

메꿈 ① OR

(6) Exclusive OR회로

입력 A, B의 상태가 서로 반대일 때만 출력이 발생하는 회로

논리기호	진리표		
$X = \overline{A}B + A\overline{B}$	입력		출력
	A	B	
	0	0	0
	0	1	1
	1	0	1
	1	1	0

58 불대수 정리

$A + A = A, \ A \cdot A = A, A + 1 = 1, A + 0 = A$

$A \cdot 1 = A, \ A \cdot 0 = 0, A + \overline{A} = 1, A \cdot \overline{A} = 0$

59 분배법칙

(1) $A \cdot (B + C) = A \cdot B + A \cdot C$

(2) $A + (B \cdot C) = (A + B)(A + C)$

60 ([빵꾸1])

(1) $\overline{A + B} = \overline{A}\,\overline{B}$

(2) $\overline{\overline{A}\,\overline{B}} = A + B$

(3) $\overline{AB} = \overline{A} + \overline{B}$

(4) $\overline{\overline{A} + \overline{B}} = AB$

메꿈   ① 드모르간 정리

[모아] 공조냉동기계산업기사 필기 빵구노트(개정2판)

발행일	2024년 3월 7일 개정2판 1쇄
지은이	이현석, 오민정
발행인	황모아
발행처	(주)모아교육그룹
주 소	서울특별시 영등포구 영신로 32길 29 세화빌딩 2층
전 화	070-4454-1586(출판, 주문)
등 록	제2015-000006호 (2015.1.16.)
이메일	moagbooks@naver.com
누리집	www.moate.co.kr
ISBN	979-11-6804-236-0 (13500)

이 책의 가격은 뒤표지에 있습니다.

Copyright ⓒ (주)모아교육그룹 Co., Ltd. All Rights Reserved.

이 책은 저작권법에 의해 보호를 받는 저작물이므로 저자와 출판사의 서면 허락 없이 내용의 전부 또는 일부를 이용하는 것을 금합니다.

공조냉동기계산업기사 합격!
여러분의 합격은 모아의 보람입니다.

끊임없이 변화를
추구하는 교육기업

⋀ 모아교육그룹

모아를 선택해주신 여러분께 감사드립니다.

✔ 모아는 혁신적인 교육을 통해 인간의 사고(思考)를
   확장 및 변화시킬 수 있다고 믿고 있습니다.
✔ 모아는 미래를 교육으로 변화시킬 수 있다고 믿고 있습니다.
✔ 모아는 청년부터 장년, 중년, 노년까지의
   성인교육에 중점을 두고 사업을 진행하고 있습니다.

초고령화, 불확실성의 시대
모아는 당신의 미래를 함께 하는 혁신적인 교육 플랫폼이 되겠습니다.